モバイル基礎テキスト 第9版

MCPC モバイル技術基礎検定／
スマートフォン・モバイル実務検定試験対応

モバイルコンピューティング推進コンソーシアム 監修

リックテレコム

1. 本書で使用する用語の表記について

本書で使用する用語は、一般社団法人電子情報通信学会、一般財団法人日本規格協会、一般社団法人情報処理学会、国、公共団体、その他有力企業・団体などの技術系文書等を参考にして策定された、「MCPCモバイルシステム技術検定プロジェクト テキスト作成ワーキンググループ」独自の用語基準に基づいて、統一されています。

本書で使用する用語については、電気通信サービス向上推進協議会が策定した『電気通信サービスの広告表示に関する自主基準及びガイドライン』別冊用語集『電気通信サービスの広告表示で使用する用語の表記について』(以下、『広告表示用語集』)とは、一部異なる表記があります。特に、外来のカタカナ用語については、以下の例のように、『広告表示用語集』で用いる音引き「ー」を、本書では省いて表記する場合が多くなっていますので、ご了承ください。

- ●「広告表示用語集」で用いる外来語の例
  インターフェイス、コンピューター、サーバー、セキュリティー、ドライバー、ブラウザー、メモリー、ユーザー
- ●本書で用いる外来語の例
  インタフェース、コンピュータ、サーバ、セキュリティ、ドライバ、ブラウザ、メモリ、ユーザ

2. 商標と企業名の表記について

- ・本書に記載されている会社名、製品名、サービス名などは、一般に各社の商標、登録商標または商品名です。なお、本文中に™マーク、®マークは、原則として明記しておりません。
- ・本書では、日本法人の会社名を表記するにあたっては、原則として「株式会社」等を省略した「略称」にて記載しています。また、海外法人の会社名を表記するにあたっては、「Inc.」、「Corporation」、「Co.,Ltd.」等を省略し、一律で社名の末尾に「社」を付けた「略称」にて記載しています。

3. キロ(k)、メガ(M)、ギガ(G)、テラ(T)等の表記について

10の乗数を表す補助記号は、国際度量衡局(BIPM)公表の『国際単位系(SI)』により、SI接頭辞として、次の例のように定められています。

キロ(k)   : $10^3 = 1,000$ (キロのkは小文字)
メガ(M) : $10^6 = 1,000,000$
ギガ(G) : $10^9 = 1,000,000,000$
テラ(T) : $10^{12} = 1,000,000,000,000$

一方、電子ファイル、メモリの容量等については、データを扱う単位が2進数であることから、2の「べき乗」を用いて大きさを表す方法が用いられることがあります。また、この場合、8ビットに相当するバイト(B)が、その単位として用いられるのが一般的です。

2のべき乗を表す2進接頭辞については、上述のSI接頭辞とは別に、IEC 60027-2及びIEEE 1541-2002により、次の例のように定められています。

キビ(Ki)   : $2^{10} = 1,024$ (キビのKは大文字)
メビ(Mi)   : $2^{20} = 1,048,576$
ギビ(Gi)   : $2^{30} = 1,073,741,824$
テビバイト(TiB) : $2^{40} = 1,099,511,627,776$

ただし、これらの2進接頭辞を用いた表記はまだ十分に普及していないため、携帯電話やPC等の製品カタログ等では、これらの表記を採用せず、$2^{10} = 1,024$ の場合も「1Ki」ではなく「1K」と表記される場合があります。

本書では、このような表記上の混同を避けるため、以下の表記方法で統一しています。

① 10の乗数を表す補助記号は、SI接頭辞を用いることを原則とする。
  (例:「1kビット」、「1Mビット」は、1,000ビット、1,000,000ビットを表す)
② 電子ファイル、メモリの容量等を表すバイトを単位として用いる場合のみ、2進接頭辞を用い、本来Ki、Mi、Gi、Tiとすべきところ、本書では特例として「Ki＝K」「Mi＝M」「Gi＝G」「Ti=T」と置き換えて記載する。
  (例:「1Kバイト」、「1Mバイト」は、1,024バイト、1,048,576バイトを表す)
③ ビットの略記号は「b」、バイトの略記号は「B」とする。

本書の内容は、特に記載のない限り2024年6月末時点の情報を基準に掲載しております。

はじめに

DX 時代に重要なマンマシンインターフェースとしての役割を担うスマートフォンはメールやインターネットアクセス機能はもちろんのこと、高画質ディスプレイや高精細カメラが搭載され、5G、Wi-Fi やBluetooth（ブルートゥース）通信、GPS、FeliCa、生体認証、デュアルSIM やeSIM 対応、防水等の各機能を具備しており、多彩な場面での活用が進んでいます。

また、スマートフォンで利用されるコンテンツには、高画質動画の配信サービス、ゲーム、電子書籍等があり、さらにアプリケーションソフトをダウンロードすることで様々な機能が利用できます。ネットショッピング、ネットオークション、ブログ、SNS、動画投稿や公共機関からの連絡、健康保険証の内蔵といった利用者参加型のサービスにも目覚しいものがあります。その結果今日、スマートフォンは個人の日常生活と企業活動における必需品となりました。

一方で、高機能化したスマートフォンは、使いこなすために高度な知識やスキルが必要となり見かけによらず苦労だと言う人が多いのも事実です。しかし、基礎的な仕組みや原理を学習すれば、実際のところ扱いやすいものになっています。

このテキストでは、主としてスマートフォンの機能、通信・通話の仕組み、モバイルインターネット、端末の特性、ソフトウェア、コンテンツ、セキュリティ等の基礎知識に加えてAI、プラットフォームなどもわかりやすく解説しています。さらに近年、スマートフォンとの連携も含めて普及が進んでいるIoT に加え、5G、ローカル5G とAI の仕組みやサービス等についても解説し、活用が進んでいる生成AI にも触れています。

また本書は、「スマートフォン・モバイル実務検定」及び「モバイル技術基礎検定」の公式テキストにもなっています。これらの資格取得に向けて、IT やモバイル機器の販売やサポートなどの関連企業の方々、就職内定者、新入社員、非技術系社員、およびモバイル関連業界への就職希望者をはじめ、大学、短大、専門学校の情報関連学科や通信関連学科の学生に必要な基礎知識を習得するのに最適なテキストとなっています。

本書の基礎学習を通じて、さらに上位のモバイルシステム技術資格検定（2級、1級、シニアモバイルシステムコンサルタント）や、IoT システム技術検定（基礎、中級、上級）の資格の取得へと進まれ、将来モバイルシステムやIoT システムの企画、設計、構築、運用指導などの中核技術者として活躍されることを期待しています。

2024 年8 月吉日

MCPC（モバイルコンピューティング推進コンソーシアム）会長　　　安田 靖彦
（東京大学名誉教授・早稲田大学名誉教授）

モバイル基礎テキスト 第9版
CONTENTS

本書の利用方法について ─ viii

MCPC検定試験について ─ x

検定試験の出題範囲について ─ xiv

第1章 「スマートフォン・モバイル」を知ろう！─ ①

- **1-1** 携帯電話のつながる仕組み ─ 2
- **1-2** モバイル端末のあゆみ ─ 4
- **1-3** 「通話」から「モバイルインターネット」へ ─ 6
- **1-4** モバイル通信事業者の種別 ─ 8
- **1-5** モバイル通信技術の概要 ─ 10
- **1-6** 電話番号の仕組み ─ 12

第2章 様々なモバイルのサービス ─ ⑮

- **2-1** 音声通話サービスの進化 ─ 16
- **2-2** 通話に関する付加サービス ─ 18
- **2-3** テレビ電話の活用 ─ 20
- **2-4** 様々なメール・メッセージサービス ─ 22
- **2-5** SNS（ソーシャルネットワーキングサービス）─ 24
- **2-6** スマートフォンのインターネットサービス ─ 26
- **2-7** スマートフォンのアプリ ─ 28
- **2-8** データ通信サービス ─ 30
- **2-9** 放送と映像サービス ─ 32
- **2-10** ローミングサービス ─ 34
- **2-11** おサイフケータイの仕組み ─ 36

第3章 モバイル通信・通話の仕組み ─ ㊴

- **3-1** セルラー方式とハンドオーバ／位置登録 ─ 40
- **3-2** 電波の性質とその利用 ─ 42
- **3-3** FDMA方式とTDMA方式 ─ 44
- **3-4** CDMA方式とOFDM方式 ─ 46

3-5 第3世代携帯電話の特徴 —— 48

3-6 第4世代移動通信システム —— 50

3-7 無線LANによる通信 —— 52

3-8 スマートフォンで急増するデータ通信 —— 54

3-9 光回線サービス(FTTH) —— 56

第4章　インターネットの基礎と接続 —— ❺❾

4-1 インターネットの概要 —— 60

4-2 IPアドレスとは —— 62

4-3 インターネットサービスプロバイダの役割 —— 64

4-4 ISPのユーザアカウントの構成 —— 66

4-5 Eメールで使用されるプロトコル —— 68

4-6 パソコンを用いた通信の方法 —— 70

4-7 クラウドコンピューティング —— 72

第5章　モバイル機器の構造 —— ❼❺

5-1 スマートフォンの構造 —— 76

5-2 スマートフォンの特徴 —— 78

5-3 タブレット端末の特徴 —— 80

5-4 その他のモバイル端末 —— 82

5-5 スマートスピーカー —— 84

5-6 ディスプレイの進化 —— 86

5-7 スマートフォンのユーザインタフェース —— 88

5-8 デジタルカメラ機能 —— 90

5-9 外部メモリカード —— 92

5-10 SIMカード —— 94

5-11 外部接続インタフェース(有線) —— 96

5-12 外部接続インタフェース(無線) —— 98

モバイル基礎テキスト 第9版
CONTENTS

第6章 モバイル端末のソフトウェア —— 103

- **6-1** 端末ソフトウェアの構成 —— 104
- **6-2** モバイル端末のOS —— 106
- **6-3** アプリケーションを動かす仕組み —— 108
- **6-4** 代表的なモバイルアプリケーション —— 110
- **6-5** 文字入力の仕掛け —— 112
- **6-6** 写真や画像の記録形式 —— 114
- **6-7** 動く画像の記録形式 —— 116

第7章 モバイルコンテンツの特徴 —— 119

- **7-1** Webブラウジング型コンテンツサービスの種類 —— 120
- **7-2** ダウンロード型コンテンツサービスの種類 —— 122
- **7-3** 災害用伝言板 —— 124
- **7-4** SNSを用いたコミュニケーション —— 126
- **7-5** マーケットプレイスとアプリ —— 128

第8章 モバイルにおけるセキュリティ —— 131

- **8-1** モバイル環境のセキュリティ —— 132
- **8-2** セキュリティリスクの詳細 —— 134
- **8-3** セキュリティの機能、サービス —— 136
- **8-4** 迷惑メール対策 —— 138
- **8-5** 有害情報フィルタリングサービス —— 140
- **8-6** スマートフォンのセキュリティ —— 142

第9章 モバイルに関する基本的な法制度・関連知識 —— 145

- **9-1** 通信業界の法知識 —— 146
- **9-2** 消費者保護の重要性 —— 148
- **9-3** 消費者保護関連の法規 —— 150
- **9-4** セキュリティ関連法制度 —— 154

9-5 スマートフォンの安全な利用 ―156

9-6 番号ポータビリティ（MNP）―158

9-7 SIMロックとSIMロック解除 ―160

第10章 5G/IoT/AIの最新動向 ― ⑯

10-1 第5世代移動通信システム（5G）―164

10-2 ローカル5Gシステム ―166

10-3 モノのインターネット（IoT）―168

10-4 IoTを利用したサービス ―170

10-5 IoTデバイス ―172

10-6 人工知能（AI）―174

10-7 プラットフォームの共通化 ―176

サンプル問題

モバイル技術基礎検定 サンプル問題 ―179

スマートフォン・モバイル実務検定 サンプル問題 ―185

サンプル問題の解答 ―192

資料 ― 196

参考文献 ―198

索引 ― 200

監修・執筆及び協力者一覧 ― 206

本書の利用方法について

　本書は、モバイル業界を目指す学生の方をはじめ、モバイル業界に入られて間もない新人の方、モバイルに関する実務に既に就かれているものの日常業務に追われまとまった学習をする機会のなかった方等、幅広い層の方々に「モバイル技術の基礎知識」について理解していただくよう、わかりやすくまとめた解説書です。

　また本書は、MCPC（モバイルコンピューティング推進コンソーシアム）が実施する検定試験のうち、二つの検定に対応した公式テキストにもなっています。すなわち、「モバイル技術基礎検定」の出題範囲をすべて網羅しているだけでなく、「スマートフォン・モバイル実務検定」についても、時事問題を除く出題項目をカバーしています。このため、両方の検定試験の内容を本書1冊で学習できるようになっています。

●各検定試験の出題範囲と本書の関係

　本書の各章は「モバイル技術基礎検定」の試験項目で構成されており、各章を構成する全ての節（項目）が同検定試験の出題対象となります。本書記載事項の範囲を越えて、同検定試験の設問が出題されることはありません。

　本書は「モバイル技術基礎検定」の出題範囲を網羅していますが、「スマートフォン・モバイル実務検定」の試験では、本書に記載のない時事問題等も出題されます。詳しくはMCPC検定ホームページ（https://www.mcpc-jp.org/license/）を参照してください。また、本書巻末のサンプル問題には、時事問題の一例も掲載してありますので、参考にしてください。

●各検定試験のサンプル問題について

　本書では「スマートフォン・モバイル実務検定」と「モバイル技術基礎検定」、それぞれの試験に出題される設問のイメージを掴んでいただくため、巻末に各検定のサンプル問題を掲載しています。これらは検定試験の難易度レベルや出題形式の目安を掴んでいただくための一例であり、実際の試験問題とは異なりますのでご注意ください。

●本書で使用する用語について

本書の監修機関であるMCPCでは、本書で使用する用語について、以下の表1の定義・分類に従って使用していますので、本書を読み進める前提として理解しておいてください。

表1　本書で使用している用語とその定義

用語	定義・分類の方法
移動体通信会社	携帯電話サービスおよびモバイルWiMAXやAXGP等によるモバイル通信サービスを提供する電気通信事業者の総称。
スマートフォン	利用者が汎用的なオペレーティングシステム（OS）上で、アプリケーションを自由に追加して機能拡張やカスタマイズができる携帯電話。
フィーチャーフォン	スマートフォンの普及以前から一般的に使用されていた多機能型携帯電話機。
モバイル端末	移動体通信会社の提供するネットワークへの接続機能を有する端末の総称。スマートフォン、フィーチャーフォン、ベーシックフォン、タブレット端末、ノートパソコン、PDA、ショルダーフォン、自動車電話など（図1参照）。
モバイル接続機器	PCカード/CFカードやモバイルワイヤレスルータのように、パソコン等の情報処理機器をモバイルネットワークに接続するための機能を持つ機器（図1参照）。
モバイル機器	モバイル端末とモバイル接続機器を合わせた総称（図1参照）。

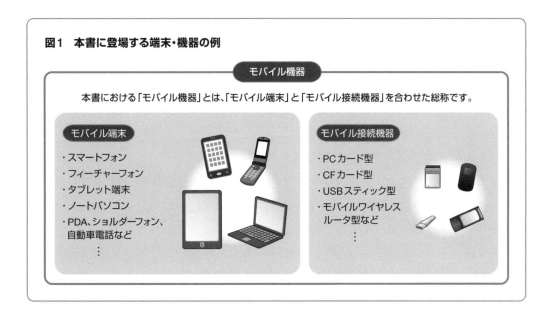

図1　本書に登場する端末・機器の例

MCPC検定試験について

　ここでは「スマートフォン・モバイル実務検定」と「モバイル技術基礎検定」の二つについて、試験の概要を説明します。なお詳細については、試験の実施機関であるMCPC検定ホームページ（https://www.mcpc-jp.org/license/）を参照してください。

●スマートフォン・モバイル実務検定

　本検定は、『携帯電話サービス等の販売員等に係る検定試験に対する総務省運用方針』に基づき、総務省によって承認された最初の販売員向け検定試験制度であり、合格者に対し、スマートフォン等のモバイル端末の販売実務に必要とされる基本的な知識を習得していることをMCPCが認定するものです。なお認定を受けた人に対しMCPCでは、「スマートフォン・ケータイアドバイザー」という称号を付与します。

　スマートフォン等のモバイル端末は、個人の生活に密着した機器として市場に定着しました。この間、各移動体通信事業者、端末メーカは、利用者の利便性をより高めるために様々な機能やサービスを提供してきました。この流れがわが国を世界トップクラスのモバイル端末利用国に押し上げたのは事実です。

　一方、利用者から見たとき、各種のサービスや端末の機能が複雑化・多様化しており、全体を正しく理解し、スマートフォン等のモバイル端末や通信サービスを適切に選択することが困難な状況にあるとの指摘もあります。

　スマートフォン等のモバイル端末の販売においては、それぞれの基礎知識に加えて、サービスや緊急時の対応等、様々な事柄を理解している必要があります。このことは、スマートフォンをはじめとし、モバイル端末という個人に密着し、公共性も高い商品・サービス群を販売する以上、避けては通れないものです。

　「スマートフォン・モバイル実務検定」は、消費者保護の観点から、その施策や対応を正しく習得した個人を認定する検定制度です。本検定の概要を表2-1(xii頁)に示します。

●モバイル技術基礎検定

　本検定は、モバイル業界の販売スタッフ、非技術系スタッフ、非モバイル関連企業の技術系社員、モバイル業界を目指す学生の方々を対象とし、合格者に対して、モバイル技術及びモバイル業界の基礎知識を習得していることをMCPCが認定するものです。

　本検定は、ITシステムエンジニア等、現場の第一線で活躍している方々にモバイル分野、IT分野の広い知識を習得していることを認定するMCPCモバイルシステム技術検定2級、同1級、及びMCPCシニアモバイルシステムコンサルタントへの入門的役割を果たすものとなっています。本検定の概要を表3(xiii頁)に示します。

―――――――――――――――――――――― MCPC検定試験について

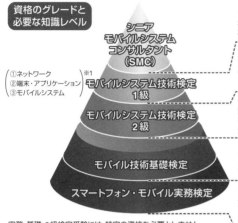

図2 モバイルシステム技術検定の制度体系

- 実務、基礎、2級検定受験には、特定の資格を必要としません。
- 1級は2級合格者が対象です。
- 1級は科目合格制であり、3科目合格した場合、資格認定されます(※1)。
- SMC合格者は経済産業省推進資格「ITコーディネータ資格」の専門課程が免除されます。

合格証、認定カードの発行等について

＜スマートフォン・モバイル実務検定＞

●合格証の発行

「スマートフォン・モバイル実務検定」試験に合格すると、MCPCより合格通知及び合格証が発行されます。

●スマートフォン・ケータイアドバイザー認定カードの発行

「スマートフォン・モバイル実務検定」の合格者がスマートフォンやモバイル端末の販売等に従事する場合、MCPCに申請して頂くことにより、スマートフォン・ケータイアドバイザー認定カード（写真付き、有料）を発行致します。名札のように着用することで、スマートフォン・ケータイアドバイザー資格所有者であることが一目で判別でき、お客様への信頼の証となります。

●スマートフォン・ケータイアドバイザー認定カードの更新

スマートフォン・ケータイアドバイザー認定カードは、スマートフォンやモバイル端末のアドバイザーとして最新情報を身に付けていることを証明するものですので、2年間の有効期間が設定されます。期限内に更新手続きを行うことで新たな認定カードが発行されます。

認定カードの例

＜モバイル技術基礎検定＞

●合格証の発行

「モバイル技術基礎検定」試験に合格すると、MCPCより合格通知及び合格証が発行されます。

表2-1　スマートフォン・モバイル実務検定の概要

試験実施日程等	・試験実施日程：MCPC検定ホームページ参照 　　　　　　　（https://www.mcpc-jp.org/license/） ・試験時間：60分（CBT） ・開催場所：全都道府県
受検対象者	・スマートフォン等のモバイル端末の販売員（説明員、アドバイザー） ・人材派遣会社登録者 ・大学、短大、専門学校の学生 ・消費者相談窓口の相談員 ・モバイル関連企業の非技術系社員 等
目的	・消費者保護の観点から、スマートフォン等のモバイル端末やサービスを扱う販売員に必要な基礎知識（実務知識／法知識／技術知識）の習熟度を検定することで、ケータイ販売業界の健全な発展に寄与することを目的とする。
認定	・スマートフォン等のモバイル端末の販売員、または販売業への就業を予定する者が、商品やサービスに関する基礎知識、消費者保護、個人情報保護等、業務上必要不可欠な基礎知識を有していることを認定する。
検定内容（出題範囲） ※詳細については、表4参照	・スマートフォン等のモバイル端末の市場に関する知識 ・スマートフォン等のモバイル端末（商品／サービス）の知識 ・コンテンツとアプリに関する知識 ・インターネット／モバイル関連技術・サービスの将来 ・消費者保護に関する知識 　（有害情報対策、紛失／盗難時の対処、セキュリティ等） ・個人情報保護に関する知識 ・関係法令及びガイドラインに関する知識
検定事務局	MCPC（モバイルコンピューティング推進コンソーシアム） 〒105-0011 東京都港区芝公園3丁目5番12号長谷川グリーンビル2F TEL：03-5401-1735 FAX：03-5401-1937 ホームページ：https://www.mcpc-jp.org/license/ e-mailアドレス：msec@mcpc-jp.org 受付時間：月〜金 10:00〜17:00

表2-2　スマートフォン・ケータイアドバイザー認定カードについて

・スマートフォン・ケータイアドバイザー認定カードには有効期間があります。合格認定された年月から2年間が有効期間になります。
　認定カードの資格継続を希望する方は、更新の手続きを行う必要があります。
・2012年1月以前に実施した「ケータイ実務検定」に合格し、資格取得から2年以上を経過している方が、新規にスマートフォン・ケータイアドバイザーカードの発行を希望する場合は、更新の手続きを行う必要があります。

MCPC検定試験について

表3　モバイル技術基礎検定の概要

試験実施日程等	・試験実施日程：MCPC検定ホームページ参照 　　　　　　　　（https://www.mcpc-jp.org/license/） ・試験時間：60分（CBT） ・開催場所：全都道府県
受検対象者	・IT関連企業等の新入社員、就職内定者 ・モバイル関連企業の新入社員、採用内定者 ・非モバイル関連企業の技術系社員 ・大学、短大、専門学校の情報・通信関連学科の学生 ・モバイル関連企業への転職希望者、社内配置転換者 等
目的	スマートフォン等のモバイル端末の関連技術の基礎知識（機器／ソフトウェア／コンテンツ）を中心に、その習熟度を検定することで、技術知識を必要とする業務に携わる者の総合的な基礎力を高めることを目的とする。
認定	・携帯電話等の機器・ソフト開発に携わる者が、消費者利便の向上に資する開発を行うための、総合的な基礎知識を有していることを認定する。 ・学生等で将来モバイルやIT関連業務に携わる可能性のある者が、その基礎知識を有していることを認定する。
検定内容（出題範囲） ※詳細については、表4参照	・スマートフォン等のモバイル端末の市場に関する知識 ・スマートフォン等のモバイル端末（商品／サービス）の知識 ・コンテンツとアプリに関する知識 ・通信／通話の仕組みに関する知識 ・インターネットに関する知識 ・モバイル機器のハードウェアとソフトウェアに関する知識 ・情報セキュリティに関する知識 ・消費者保護に関する知識（製造者／販売者の責任等） ・モバイル関連技術・サービスの将来
検定事務局	MCPC（モバイルコンピューティング推進コンソーシアム） 〒105-0011 東京都港区芝公園3丁目5番12号長谷川グリーンビル2F TEL：03-5401-1735 FAX：03-5401-1937 ホームページ：https://www.mcpc-jp.org/license/ e-mailアドレス：msec@mcpc-jp.org 受付時間：月〜金 10:00〜17:00

検定試験の出題範囲について

①「スマートフォン・モバイル実務検定」の出題範囲

スマートフォン等のモバイル端末の基礎知識に加え、本書非掲載の時事問題を出題範囲としています。なお時事問題は、全出題数の1割前後を占めます。

②「モバイル技術基礎検定」の出題範囲

技術系スタッフ向けの必須知識として、モバイル関連技術の基礎知識を出題範囲としています。本テキストの全章全節からの出題となります。

本書における両検定試験の出題範囲の詳細を表4に示します。

表4　本書と検定試験の出題範囲一覧

章構成	節番号	節タイトル	技術基礎検定の対象	実務検定の対象
第1章		「スマートフォン・モバイル」を知ろう！		
	1-1	携帯電話のつながる仕組み	○	○
	1-2	モバイル端末のあゆみ	○	○
	1-3	「通話」から「モバイルインターネット」へ	○	○
	1-4	モバイル通信事業者の種別	○	○
	1-5	モバイル通信技術の概要	○	○
	1-6	電話番号の仕組み	○	○
第2章		様々なモバイルのサービス		
	2-1	音声通話サービスの進化	○	○
	2-2	通話に関する付加サービス	○	○
	2-3	テレビ電話の活用	○	○
	2-4	様々なメール・メッセージサービス	○	○
	2-5	SNS（ソーシャルネットワーキングサービス）	○	○
	2-6	スマートフォンのインターネットサービス	○	○
	2-7	スマートフォンのアプリ	○	○
	2-8	データ通信サービス	○	○
	2-9	放送と映像サービス	○	○
	2-10	ローミングサービス	○	○
	2-11	おサイフケータイの仕組み	○	○
第3章		モバイル通信・通話の仕組み		
	3-1	セルラー方式とハンドオーバ／位置登録	○	○
	3-2	電波の性質とその利用	○	×
	3-3	FDMA方式とTDMA方式	○	×
	3-4	CDMA方式とOFDM方式	○	×
	3-5	第3世代携帯電話の特徴	○	×
	3-6	第4世代移動通信システム	○	×
	3-7	無線LANによる通信	○	○
	3-8	スマートフォンで急増するデータ通信	○	○
	3-9	光回線サービス（FTTH）	○	○
第4章		インターネットの基礎と接続		
	4-1	インターネットの概要	○	○
	4-2	IPアドレスとは	○	○
	4-3	インターネットサービスプロバイダの役割	○	○
	4-4	ISPのユーザアカウントの構成	○	○

検定試験の出題範囲について

章構成	節番号	節タイトル	技術基礎検定の対象	実務検定の対象
	4-5	Eメールで使用されるプロトコル	○	○
	4-6	パソコンを用いた通信の方法		
	4-7	クラウドコンピューティング	○	○
第5章		モバイル機器の構造		
	5-1	スマートフォンの構造	○	○
	5-2	スマートフォンの特徴	○	○
	5-3	タブレット端末の特徴	○	○
	5-4	その他のモバイル端末	○	○
	5-5	スマートスピーカー	○	○
	5-6	ディスプレイの進化	○	○
	5-7	スマートフォンのユーザインタフェース	○	○
	5-8	デジタルカメラ機能	○	○
	5-9	外部メモリカード	○	○
	5-10	SIMカード	○	○
	5-11	外部接続インタフェース(有線)	○	○
	5-12	外部接続インタフェース(無線)	○	○
第6章		モバイル端末のソフトウェア		
	6-1	端末ソフトウェアの構成	○	○
	6-2	モバイル端末のOS	○	○
	6-3	アプリケーションを動かす仕組み	○	○
	6-4	代表的なモバイルアプリケーション	○	○
	6-5	文字入力の仕掛け	○	○
	6-6	写真や画像の記録形式	○	○
	6-7	動く画像の記録形式	○	○
第7章		モバイルコンテンツの特徴		
	7-1	Webブラウジング型コンテンツサービスの種類	○	○
	7-2	ダウンロード型コンテンツサービスの種類	○	○
	7-3	災害用伝言板	○	○
	7-4	SNSを用いたコミュニケーション	○	○
	7-5	マーケットプレイスとアプリ	○	○
第8章		モバイルにおけるセキュリティ		
	8-1	モバイル環境のセキュリティ	○	○
	8-2	セキュリティリスクの詳細	○	○
	8-3	セキュリティの機能、サービス	○	○
	8-4	迷惑メール対策	○	○
	8-5	有害情報フィルタリングサービス	○	○
	8-6	スマートフォンのセキュリティ	○	○
第9章		モバイルに関する基本的な法制度・関連知識		
	9-1	通信業界の法知識	○	○
	9-2	消費者保護の重要性	○	○
	9-3	消費者保護関連の法規	○	○
	9-4	セキュリティ関連法制度	○	○
	9-5	スマートフォンの安全な利用	○	○
	9-6	番号ポータビリティ(MNP)	○	○
	9-7	SIMロックとSIMロック解除	○	○
第10章		5G/IoT/AIの最新動向		
	10-1	第5世代移動通信システム(5G)	○	○
	10-2	ローカル5Gシステム	○	○
	10-3	モノのインターネット(IoT)	○	○
	10-4	IoTを利用したサービス	○	○
	10-5	IoTデバイス	○	○
	10-6	人工知能(AI)	○	○
	10-7	プラットフォームの共通化	○	○

第 1 章

「スマートフォン・モバイル」を知ろう！

ここでは、まず、スマートフォンなどの携帯電話が
どこにいてもつながる仕組みを解説し、初期の自
動車電話から今日のスマートフォンに至るまでの
モバイル端末の歴史、通話からメール、インター
ネット接続などの機能の進化、移動体通信会社と
MVNO、電話番号のしくみ、通信のしくみと固定
電話との違い等について解説します。本章は、本
書全体の中でも基本的な内容なので、確実に理解
していきましょう。

1-1

携帯電話のつながる仕組み
どうやって相手の居場所を見つけるか理解しよう

　携帯電話は相手の居場所がわからなくてもつながります。これを可能にしている技術は、大きく言って電話交換技術と、端末の位置を把握する技術の二つです。

◎電話のつながる仕組み

　昔から電話機には、それを使う人を特定するための電話番号があらかじめ1台1台に割り当てられています。電話をかけるときは相手の電話番号を指定します。例えば03-1234-5678番なら、03で東京地域と決まり、1234で何区の電話交換局かが決まり、5678で迷わず相手につながります。電話番号を指定するだけで、日本中にある電話交換局を次々に経由して、目指す相手の電話機にまでたどり着く仕組みになっています。

◎携帯電話のつながる仕組み

　固定電話は置き場所が固定されているので、通話したい相手の居場所に応じて、かける電話番号を変えることになります。ところが携帯電話を使うと、相手が居場所を変えても、同じひとつの電話番号で接続できるようになっています。例えば090-123-45678番なら、090が携帯電話であることを示し、123の3桁は加入している移動体通信事業者、45678の5桁で加入者を表します。しかし、ナンバーポータビリティ(9-6参照)の場合は、123が契約している通信事業者と合致しないケースが出てきます(電話番号の仕組みについては1-6を参照)。

　移動体通信会社のネットワークでは、すべての端末の居場所が、おおよそ県や区といった広さの範囲に相当する複数のセルから構成される位置登録エリア単位で、あらかじめデータベースに位置情報として登録されています。一方、端末は常時、近くにある無線基地局から、自分の居る位置登録エリアを知らされています。もし、基地局から受け取ったその情報が以前と違っていたら、自分の居場所が変わったことをネットワークに通知します。すると、データベースの中で、その端末の位置情報が更新されます。これを「位置登録」といいます。このようにして、位置登録エリアの単位で、携帯電話端末の位置を常時把握し続ける(現在位置を知る)ことができるのです。

　誰かが電話をかけると、その人が加入している電話会社の交換機に接続されます。データベースによって相手のおおよその居場所がわかるので、その近くにある交換局に接続します。ただし、ひとつの位置登録エリアの中にはいくつも無線基地局が配置されているので、この時点では、相手がどの無線基地局のエリア内(電波の届く範囲)に居るのかまではわかりません。

次に、その位置登録エリアの中にある全ての無線基地局から、相手の端末を呼び出す信号が一斉に送られます。該当する電話番号の端末は自動応答するので、その端末と接続できる無線基地局が特定されます。その後は、接続先が正当なユーザであるかの確認（認証）をし、OKであれば電話機を鳴動させ、相手の人が気づいて電話に出れば、通話を始めることができます。

◎移動しながら通話できる仕組み

携帯電話で移動しながら通話できるのは、無線基地局のカバーするエリアが隙間なく敷き詰められているからです。

端末は通話中に通信している基地局だけでなく、周囲の基地局の電波の強さも定期的に測定し比較しています。移動の結果、自分にとって適切な基地局が変わったと判断すると、その旨をネットワークに通知します。通知を受けたネットワークは、その端末と新たな無線基地局とを接続します。この仕組みを「ハンドオーバ」といいます（詳しくは3-1参照）。基地局から他の基地局へと渡り歩くようにして、携帯電話では移動しながらでも途切れることなく話を続けることができるのです。

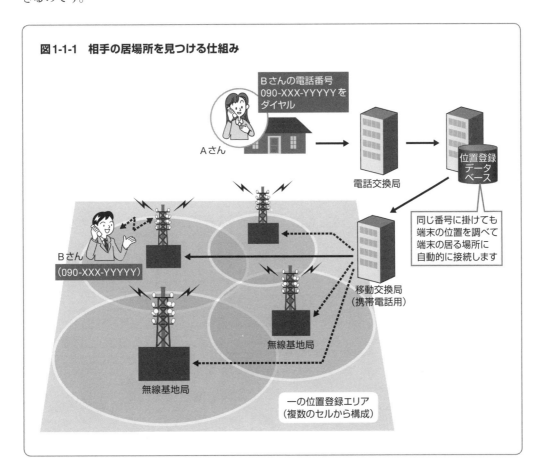

図1-1-1　相手の居場所を見つける仕組み

1-2 モバイル端末のあゆみ
スマートフォン・タブレット端末の台頭へ

◎モバイル端末の誕生

　現在のモバイル端末のルーツは、自動車電話サービスで使用された端末であり、1979年12月に日本電信電話公社（現在のNTTグループ）が提供を開始しました（図1-2-1（a））。1985年になると、肩に掛けて持ち歩けるショルダーホンが登場しました（同図（b））。1987年にはショルダーホンを小型化し、重さも約640gまで軽量化したハンディタイプが登場しました（同図（c））。

　現在では、技術のめざましい進歩により、100g程度まで軽量化が進み、ポケットに十分入るサイズの端末が大半を占めています（図1-2-2）。使い勝手は従来型フィーチャーフォンを継承しながら、機能はスマートフォンに近い携帯端末として、「ガラホ」と呼ばれる進化型携帯電話もあります。

　利用者は小学生や高齢者にまで広がり、操作を簡単にして文字の表示を大きくした高齢者向けの機種や、用途を通話やメールのみに絞った児童向けの機種が登場しました。最近では比較的大きな画面のスマートフォンや、さらに大きな画面を持つタブレット端末が登場するなどますます多様化し、以前はパソコンでしか扱えなかった様々なアプリケーション（モバイル端末用のものは、特に「アプリ」と呼ばれることがあります）を利用できるようになって、ノートパソコンの領域にまで利用場面が拡大しています。特にスマートフォンやタブレット端末は、電子書籍の閲覧や資料のプレゼンテーション、各種業務アプリ、遠隔授業等にも利用されています。

◎モバイル端末の形状

　モバイル端末の形状は、使い勝手と共に変化してきました。初期のフィーチャーフォンではストレート型や折りたたみ型のみでしたが、その後の高機能化に伴って実用性を高めた様々なバリエーションが登場しています。

図1-2-1　モバイル端末のルーツ

(a) 自動車電話　寸法：高さ880mm×縦350mm×横228mm　重さ：約7000g

(b) ショルダーホン　重さ：約2500g

(c) 初期の携帯電話　重さ：約640g

写真提供：NTTドコモ

1-2 モバイル端末のあゆみ

図1-2-2 現在のモバイル端末の例

スマートフォン

○ Xperia 10 V
高さ約155×幅約68㎜
厚さ約8.3㎜
重さ約159g
ソニー株式会社製
写真提供：ソフトバンク

○ Galaxy A54 SC-53D
高さ約158×幅約77㎜
厚さ約8.2㎜
重さ約201g
サムスン電子株式会社製
写真提供：NTTドコモ

○ Xiaomi 13T
高さ約162×幅約76㎜
厚さ8.7㎜
重さ約197g
Xiaomi製
写真提供：KDDI

○ AQUOS wish
高さ約147×幅約71㎜
厚さ約8.9㎜
重さ約162g
シャープ社製
写真提供：KDDI

○ Google Pixel 8 Pro
高さ162.6㎜×幅76.5㎜
厚さ8.8㎜
重さ213g
Google社製
写真提供：Google
・Pixel は、Google LLC の商標です。

○ OPPO A79 5G
高さ約166×幅76㎜
厚さ約8.0㎜
重さ約193g
OPPO社製
写真提供：楽天モバイル

タブレット端末

○ Galaxy Tab S9 FE＋5G
高さ165.8×幅254.3㎜　厚さ6.5㎜　重さ523g
サムスン電子株式会社
写真提供：KDDI

○ dtab Compact（d-52C）
高さ約201×幅129㎜
厚さ8.3㎜
重さ約318g
レノボ・ジャパン合同会社製
写真提供：NTTドコモ

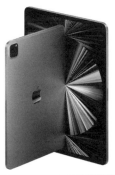

○ iPad Pro（12.9インチ）
高さ280.6×幅214.9㎜
厚さ6.4㎜
重さ約682g
Apple社製
写真提供：Apple Japan

フィーチャーフォン

○ DIGNO ケータイ
高さ約112×幅51㎜
厚さ18.1㎜
重さ約125g
京セラ株式会社製
写真提供：NTTドコモ

○ G'zOne TYPE-XX
高さ約115×幅55㎜
幅23㎜（閉じた時）
重さ約183g
auブランドモデル
写真提供：KDDI

第1章　「スマートフォン・モバイル」を知ろう！

1-3 「通話」から「モバイルインターネット」へ
多機能化が進む移動体通信の変遷を知ろう

　移動体通信は通話を主とする「電話サービス」から始まり、常に持ち歩いて利用される様々な付加機能が搭載され、さらに高機能化されて現在に至っています。図1-3-1に技術やサービスの変遷と、これらを提供してきた移動体通信会社の歩みをまとめます。

◎文字コミュニケーションの進化
　初期の移動体通信サービスでは、通話を主目的とした「携帯電話・PHSサービス」に加え、文字コミュニケーションに限定した「ポケットベル（ポケベル）」サービスが一般向けに提供されました。1996年からは携帯電話やPHSにもSMS（Short Message Service）が搭載されるようになり、文字によるコミュニケーションの利用者が増えました。Eメール（携帯メール）は1999年から提供が開始され、現在ではパソコンとほぼ同等の機能となり、モバイルでのコミュニケーション環境は格段に充実しています。

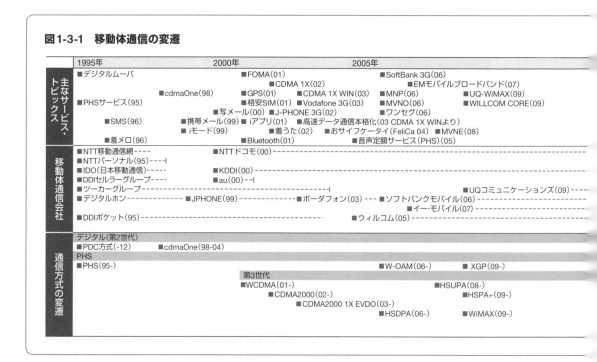

図1-3-1　移動体通信の変遷

◎インターネット接続とさらなる多機能化

　1999年2月、ＮＴＴドコモがフィーチャーフォンからインターネットに接続できるiモードサービスを開始し、他の移動体通信会社も追随したことによりモバイルインターネットサービスが広まりました。インターネットを通じて着信メロディをダウンロードできるサービスが流行し、これは後に現在の「着うたフル」等、楽曲ダウンロードサービスへと発展しました。また生活のあらゆるシーンで有効活用するために、赤外線通信（1999年）、カメラ機能（2000年）、GPS機能（2001年）、Bluetooth通信（2001年）等がフィーチャーフォンに具備されました。特にカメラ機能は高い人気を博し、メールに画像を添付して送受信すること（「写メール」）を可能とし、新しいコミュニケーション手段として利用されるようになりました。2004年には、FeliCaを搭載した「おサイフケータイ」が登場し、電子マネー等の暮らしに便利な機能が利用できるようになりました。2005年以降もセキュリティやプライバシー保護機能の充実、ワンセグ放送受信機能や防水機能、QWERTYキーボードの搭載や無線LAN対応等、様々な機能が追加されました。

　2008年にはタッチパネルを利用したスマートフォン、2010年には大画面のタッチパネルを採用したタブレット端末が登場し、急速にその市場を拡大しました。2013年には、ソフトバンク、KDDIに加えＮＴＴドコモがiPhoneの扱いを開始し、その普及を加速させました。

　通信方式としては、2010年にLTE方式が登場し、2014年に第4世代方式であるLTE-Advancedに準拠した高速サービスやVoLTEという高品質な通話サービスも開始されました。2020年からは5G方式が導入され、人と人の通信のみならず、様々なモノとつながるIoTなどにより、ますます生活の利便性の向上や産業の発展が期待されています。

1-4

モバイル通信事業者の種別
様々な企業が移動体通信に参入する仕組み

◎MVNOとは

　既存の移動体通信会社（MNO：Mobile Network Operator）から通信設備を借り受けて、独自の自社サービスを提供する企業（事業者）のことをMVNO（Mobile Virtual Network Operator）といいます。MVNOは仮想移動体通信事業者とも呼ばれ、既に通信以外の分野で事業を行っている会社が、移動体通信事業に参入する時のビジネスモデルの一つになります。

◎MNOは通信設備を保有する通信会社

　現在わが国には、通信設備を自社で保有するMNOとして移動体通信サービスを展開する移動体通信会社は、NTTドコモ、KDDI、ソフトバンクの3社に加え、2019年10月からは、第4のMNOとして楽天モバイルがサービス提供を行っています。また、モバイルWiMAX方式によるモバイルインターネットに特化したUQコミュニケーションズなどもMNOに分類されます。

　MNOとして移動体通信事業を始めるには、以下の条件を満たし、総務省からの免許の付与を受ける必要があります。つまり、大きな資本力や人的リソースが必要となり、巨大な投資リスクを負うため、MNOの数はどうしても限定されてしまいます。

　　・全国に基地局を設置するなど、通信設備／インフラ装置を構築する。
　　・24時間、365日、通信設備を運用・維持管理するための社内体制を作る。
　　・販売拠点や利用者からの電話受付センタ等を設置・運営する。

◎MVNOのメリットと参入への期待

　MVNOは、自社で基地局などの大規模な通信設備やネットワークを持たず、それらをMNOから借り受けて通信事業を営むことができるので、創設コストや保守運用費用の負担が大きく軽減されます。様々な企業がMVNOとして移動体通信事業に参入できると、更なる競争促進が図られ、一層多様で低廉なサービスの提供による利用者利益が実現して市場が活性化することが期待されます。そのため多数のMVNO活躍への期待が高まっており、総務省もこれを後押ししています。

　MVNOへの加入は、利用者が販売店においてSIM（Subscriber Identity Module）に加入状態を記録することで可能となります。またeSIM（Embedded Subscriber Identity Module）を使用することで、リモート操作で通信事業者の変更が可能となります。

◎MVNEとは

MVNEという、MVNOの課金処理や、ユーザサポート、アプリケーションやコンテンツの提供、システム運用管理、カスタマケア等をMVNOに代わって行う電気通信事業支援会社も登場し、これによってMVNO事業への参入をより容易なものにしています（図1-4-1）。

◎MVNOを用いたサービスの事例

表1-4-1に、MVNOを用いた一部のサービスの事例を示します。この表からもわかるように、既に移動体通信以外の分野で事業をし、ブランドを確立している企業が、そのブランド力や強みを活かして自社のビジネスを拡大するケースが多く見受けられます。事例としては、「コンシューマ（一般消費者）によく知られたブランド」を活用する場合のほかに、多様な法人ニーズに対応して付加価値創造を目指す「法人向け通信事業」があります。

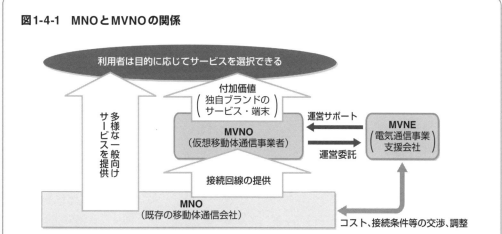

図1-4-1 MNOとMVNOの関係

既存の移動体通信会社から通信設備等を借り受けて、独自のブランドでサービス提供を行う通信事業者をMVNOといいます。

表1-4-1 MVNOの事例

MVNO	サービス名	MVNE	MNO
日本通信	b-mobile	日本通信	NTTドコモ、ソフトバンク
オプテージ	mineo	オプテージ	NTTドコモ、KDDI、ソフトバンク
インターネットイニシアティブ	IIJmio	インターネットイニシアティブ	NTTドコモ、KDDI
ジュピターテレコム	J:COM MOBILE	ジュピターテレコム	KDDI
ソニーネットワークコミュニケーションズ	NUROモバイル	ミーク	NTTドコモ、KDDI、ソフトバンク
飛騨高山ケーブルネットワーク	Hit スマホ	SBパートナーズ	ソフトバンク

1-5

モバイル通信技術の概要
通話・データ通信の仕組みと固定電話との違い

　移動体通信（携帯電話）のネットワークは固定電話に倣って構成されています。ただし、端末（電話機）は有線（ケーブル）の代わりに無線（電波）でつながり、音声通話のほか、メールや音楽ダウンロード等のデータ通信が行われます。音声、データといった信号の種別に応じ、回線交換方式とパケット通信方式が使い分けられています。これらの通信方式の特徴とネットワーク構成の概要を解説します。

◎回線交換方式

　回線交換方式は、ダイヤルされた電話番号をもとに、電話会社の交換機が発信者と着信者の間に伝送路を設定して通信を始めます。通信中は両者が回線を占有するので通話品質が安定しており、固定電話と同様に、スマートフォンやフィーチャーフォンでも主として音声通信に利用されています。通常、回線の接続時間に応じて通信料が発生します（図1-5-1(a)）。

◎パケット通信方式

　パケット通信方式は、主にデータ通信で利用されています。送受する情報をパケットというデータ量の単位（例えば1パケット＝128バイトなど）に分割し、各パケットの先頭に宛先や制御情報から構成されるヘッダを付加して、データ専用のネットワークを通じて送受信する方式です（図1-5-1(b)）。回線を複数のユーザで共有できるため、効率的なネットワークの利用が可能です。通常、接続している時間ではなく、送受信したデータの量に応じて課金されます。例えば、Webサイトに接続し最初に画面を表示するときは、その画面のデータ量に応じた通信料がかかりますが、その後は表示したままにしても、他の送受信が発生しない限り、通信料はかかりません。

　パケット通信方式は現在ではインターネットプロトコル（IP）をベースにしたものが普及しており、音声通信のVoLTE（2-1参照）もパケット通信方式により送受信されています。

◎端末接続部分が無線通信に置き換わった移動通信システム

　スマートフォンやフィーチャーフォンは無線技術を利用して通信を行っています。トランシーバのように端末同士で直接通信をしているのではありません。図1-5-2に、固定電話と携帯電話のネットワーク構成の例を示します。モバイル端末と基地局との間のみで無線通信を行い、基地局と移動通信交換局との間及び交換局間は、主に有線の伝送路を使って通信が行われます。

固定電話では端末が移動することはないので、加入者の電話が収容されている設備（交換局）は固定されており、その加入者宛に発信された呼は、当該交換局に接続されて、発信／着信者間に回線が設定されます。一方、移動体通信では端末が移動するため、その端末に着信させるには、どの交換局や基地局に回線をつなげばいいのかを知る方法が必要となります。このために、「位置登録」と呼ばれる移動体通信に特有の仕組み（3-1参照）が使用されており、これが固定電話との大きな違いになっています。

図1-5-1　回線交換方式とパケット通信方式の概念

(a) 回線交換方式の通信イメージ

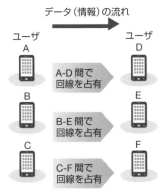

各通信ごとにその回線を占有するため、時間課金となります。

(b) パケット通信方式の通信イメージ

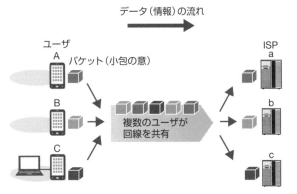

複数のユーザが同一の回線を共有することができるため、データ量課金となります。

図1-5-2　回線につながるまでの固定電話と携帯電話の比較

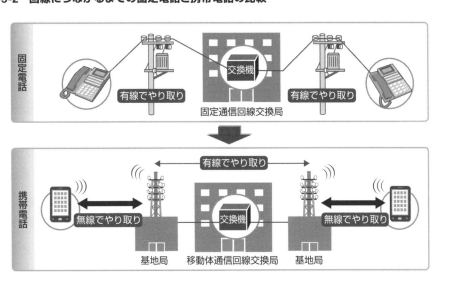

1-6

電話番号の仕組み
番号の意味やルールの基本について学ぼう

　スマートフォンやフィーチャーフォンには、固定電話等との間でも発着信ができるよう、同一の規格に基づいた電話番号が割り当てられています。固定電話は、地域交換局ごとに局番号が割り当てられているため、電話番号を見るとおおよその地域を特定することができます。では、スマートフォン、フィーチャーフォンやIP電話の電話番号は、どういうルールに従って番号が配列されているのでしょうか。

◎スマートフォン／フィーチャーフォンの電話番号の仕組み

　現在の電話番号は、携帯電話サービスであることを表す番号（090、080、070）に続いて、移動体通信会社に割り当てられた事業者識別番号（3桁、CDEコード等という）、そして加入者番号（5桁）をダイヤルすることで相手を呼び出す仕組みになっています（図1-6-1）。

　事業者識別番号は、総務省により各移動体通信会社に割り当てられています。

　一方、2006年に、携帯電話[*1]の番号ポータビリティ（MNP：Mobile Number Portability）が導入されました。これは、利用者が移動体通信会社を変更した場合に、電話番号はそのままで変更後の移動体通信会社のサービスを利用できる制度です。

　このMNPの導入以降、使用している電話番号に含まれる事業者識別番号が、現在契約している移動体通信会社に割り当てられている事業者識別番号と、合致しないケースも生じるようになりました。

◎電話網番号の拡張

　携帯電話の番号としては090/080/070で始まる11桁の電話番号の合計2億7,000万番号が国（総務省）から携帯電話事業者に割り当てられていますが、このうち2016年3月時点で2億3,260万番号が指定済みであり、指定可能な番号数は070番号帯の3,740万番号のみという状態でした。

　一方、IoT／M2M時代の到来がいわれる中、M2Mサービスもそれが携帯電話網を使う場合は090/080/070番号を利用しており、その使用番号数は2020年には4,200万番号に達するとの予測もありました。

---

*1：総務省は、フィーチャーフォンとスマートフォンを合わせて「携帯電話」と呼んでいます。

2017年から、M2M通信等専用の電気通信番号（M2M等専用番号）として020番号帯（ただし、0200及び0204番号帯を除く11桁の番号）を利用する制度が始まりましたが、020番号帯のひっ迫のため、2019年12月25日から、0200番号帯（14桁の番号）が創設され、現在、020番号帯から0200番号帯へ移行が進められています。

◎スマートフォン／フィーチャーフォンからの国際通話の利用

日本の各通信サービスにおける電話番号は、国際規格に準じています。このため、海外の電話回線と相互に接続する国際電話も利用可能です。

国際電話を利用する場合、国際電話識別番号に続けて相手先国番号、相手先の国内電話番号をダイヤルします（図1-6-2）。

例えば、国際電話識別番号が「00」の国から日本にかける場合、日本の国番号は「81」なので、「00-81-国内電話番号[*2]」となります。日本から海外にかける場合も同様です。

◎特殊番号

　電話番号の中には、緊急通信やユーザからの問合せ等、特定の用途に使用する特殊番号（特番）と呼ばれる番号群があり、中でも1XY系特番と呼ばれる、1から始まる3桁の番号がよく知られています。スマートフォン／フィーチャーフォンで利用できる特番には110番（警察）、118番（海上で事件・事故が起こった時の緊急通報）、119番（消防・救急への緊急通報）等の緊急通信のほかに、117（時報）、177（天気予報）等があります。なお、ユーザからの問合せ用特番は移動体通信会社によって番号が異なる場合があります（図1-6-3）。

図1-6-3　主な1XY系特番

● **共通で使えるもの**

110…警察への通報
117…時報
118…海上保安機関への通報
119…消防への通報
171…災害用伝言ダイヤル
177…天気予報（市外局番の前置可能）

● **各社の問合せ用番号**

151…NTTドコモ
157…KDDI、ソフトバンク

※151番、157番は、各社のスマートフォン／フィーチャーフォンからダイヤルすることで接続できます。

---

*2：海外から日本にかける場合は、日本の国内番号の先頭にある「0」を外してダイヤルします。

第 2 章

様々な
モバイルのサービス

初期の携帯電話は「いつでも」「どこでも」「誰とでも」通話するための道具として生まれました。やがてメールの送受信やネット閲覧、情報検索、掲示板の読み書き、音楽や映像コンテンツ、ゲームやテレビ放送を楽しむなど、様々な機能が追加されてフィーチャーフォンへと進化し、スマートフォンの登場によって、さらに多彩な機能やサービスをユーザが自由に追加できるようになりました。スマートフォンの活用範囲は急速に広がっていますが、一部のサービスはフィーチャーフォンでも利用可能です。本章では、他の装置や機器なしに、スマートフォンやフィーチャーフォン単独で利用できる代表的なサービスを中心に解説します。

2-1

音声通話サービスの進化
サービス向上への取り組みを見てみよう

　スマートフォンやフィーチャーフォンに先立つ携帯電話は、もともと移動中でも「通話」ができる電話として生まれました。本節では音声通話サービスについて、今日に至る経緯も含めて理解しましょう。

◎通信方式の変遷とサービス向上への取り組み

　自動車電話や導入初期の携帯電話では、アナログ方式が採用されていました。アナログ方式は、電話の音声をそのまま電波に乗せて送受信する方式であり、①同時に利用できるユーザ数が少ない、②ノイズが混入しやすい、③データ通信サービスに不向きであるなどの課題がありました。図2-1-1に示すように、同時に利用するユーザ数を増やそうとすると、1台あたりが利用できる電波の周波数の幅[*1]が狭くなり、その結果、音声品質が低下します。限りある資源である電波を有効活用するため、デジタル方式の導入が進められました。

　1994年よりわが国のデジタル携帯電話に採用されたPDC[*2]方式では、音声をデジタル化した上で、電波に乗せる情報量を圧縮する音声符号化技術を採用することで、音声の品質劣化を極力抑えつつ同時に利用できるユーザ数を増やすことに成功しました。

　続いて登場したCDMA方式（CDMA2000、W-CDMA等）では、より高度な音声符号化技術を導入することで、より多くのユーザに、より高い音声品質の通話サービスを提供できるようになりました。CDMA方式の詳細は第3章で学びます。

　現在主流となっているLTE/LTE-Advanced/5G方式では、音声データもIPパケットとしてやり取りされる仕組みが導入されています。

　利用料金の低廉化も進み、国内の固定電話、携帯電話、PHSへの音声通話を定額とする料金プランも各社から提供されるようになりました。

◎IPを用いた音声通話

　以前から、インターネット上でIPを用いて[*3]、パソコン同士で音声を送受信するサービスがあります。電話回線ではなくインターネット回線を利用することから、パソコン間での無料

---

*1：周波数帯域幅といいます。
*2：Personal Digital Cellular（パーソナル デジタル セルラー）の略。
*3：インターネット、IPについては第4章を参照してください。

通話が可能です。スマートフォンに専用アプリをダウンロードすることで、モバイルでもこれと同様のサービスが利用できるようになりました。そのような専用アプリとしてSkype、LINE、Facebook Messenger等があります。例えばLINEの場合、定額のモバイルデータ通信プランや無線LANを用いることで、パソコンを含めLINEユーザ間で無料通話を実現できます。また、同じ専用アプリを使用するユーザ同士で短いメッセージを交換することができ、広く普及しています。ただし、これらのサービスの中には、スマートフォン内にある連絡先情報の読み取り許可が必要である等、プライバシー保護の面で課題があるものもあります。また、インターネットを介するために、音声品質の保証はありません。

一方、移動体通信会社でも、電話回線とは別のデータ通信網の上で音声通話サービスの提供を始めています。LTE（3-6参照）以降の方式で実現されるこのサービスは、VoLTE（ヴォルテ、Voice over LTEの略）と呼ばれるIP電話であり、安定した通話と通話品質の向上を図っているほか、110／119番等の緊急通報への対応など音声通話サービスに求められている機能を実現しています。モバイル通信技術の概要（1-5参照）でふれたように近年ではオールIPネットワークが主流になっており、すべての移動体通信会社の対応端末同士で相互接続が可能です。

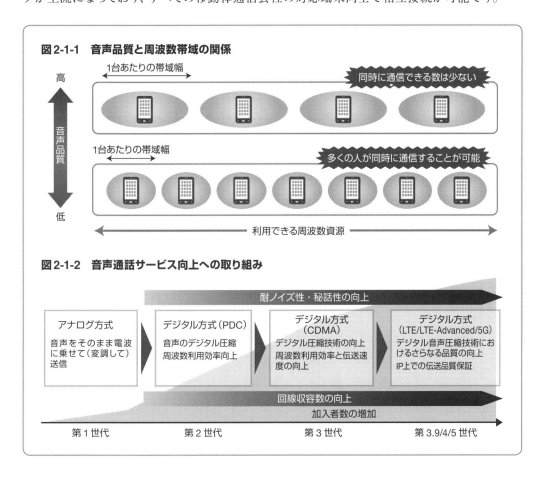

図2-1-1　音声品質と周波数帯域の関係

図2-1-2　音声通話サービス向上への取り組み

2-2

通話に関する付加サービス
留守番電話・割込通話・転送電話

　スマートフォンやフィーチャーフォン等は移動中でも、場所を問わず利用できる反面、電波が届かない「圏外」であったり、車両運転中や公共交通機関の中、あるいは通話中の着信等で、電話を受けられない場合もあります。このようなケースに備えて、またより利便性を高めるために、通話に関する様々な付加サービスが用意されています。

◎留守番電話

　着信者が電波の届かないところにいたり、スマートフォンやフィーチャーフォン等の電源を切っている場合に、発信者の音声メッセージをネットワーク側（留守番電話サービスセンタ）で預かる（保管する）サービスです。保管された音声メッセージは、固定電話や公衆電話からも再生することが可能です。またテレビ電話にも対応した、映像メッセージを預かる留守番電話サービスも提供されています。

◎割込通話

　通話中にかかってきた第三者からの着信を、信号音（通話中着信音）で知らせてくれるサービスです。着信を受けた人は簡単なボタン操作で、通話中の回線を保留にしたまま、後からかかってきた電話を受けることができます。

◎転送電話

　かかってきた電話を、指定した電話番号に転送することができるサービスです。転送が発生した場合、転送した先までの通話料は、発信者ではなく、転送設定したユーザに課金されます。

◎その他

　上記で説明したサービスに加えて、通話中にもう1人のユーザを追加して、3人で同時に話すことができる三者通話といったサービスもあります。スマートフォンの普及と共に、アプリケーションによってこのような機能が実現できるようになりました。例えばZoomのようなWeb会議ソフトでも三者通話のような利用が可能なため、近年ではスマートフォン上のアプリケーションで付加サービスが実現されるケースも多くなっています。

　本節で説明した付加サービスは、契約した電話以外から遠隔で設定や解除をすることが可

能です。その際には、契約時に設定した「ネットワーク暗証番号」が必要になります。また契約した電話以外から、保管された音声メッセージの再生・消去を行う場合も同様です。なお、付加サービスは、移動体通信会社ごとにサービス提供の有無やサービスの内容・名称が異なります。詳しくは、各社の公式サイトやカタログで確認してください。

　これらの付加サービスは、回線交換という従来の通話機能を実現するサービスノードにより提供されていましたが、LTE以降ではIP電話を実現するシステム（IMS：IP Multimedia Subsystem）により提供されています。

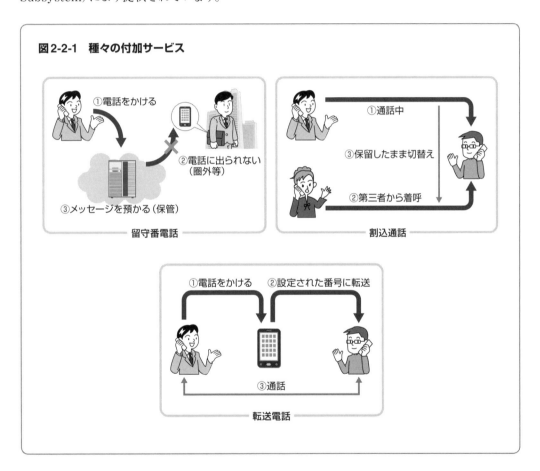

図2-2-1　種々の付加サービス

2-3

テレビ電話の活用
音声と映像のリアルタイム通信を理解しよう

　音声に加え、映像も同時に送受信できる「テレビ電話」機能は3Gのフィーチャーフォンから搭載され基本機能としても提供されてきましたが、現在のスマートフォンではアプリケーションとして実装される場合が多くなっています。なお多くのスマートフォンでは、LTE以降のシステム上で提供されているVoLTEとともにテレビ電話機能が基本機能として使えるようになりました。

◎テレビ電話の活用

　テレビ電話サービスは音声だけでなく、端末の内蔵カメラを利用して、映像もリアルタイムで送受信するものです(図2-3-1)。互いに相手の顔や姿を見ながら、あるいは何かを見せ合いながら話ができるので、表情や現場の状況等、言葉だけでは伝わりにくいニュアンスまでも伝えることができます。また、無人の遠隔地点の監視・制御や、遠隔地の運転手向けアルコールチェックシステムにテレビ電話を活用するなど、様々な応用例があります。

◎フィーチャーフォン向けテレビ電話

　フィーチャーフォンにおけるテレビ電話機能は、標準化団体3GPP[*4]で規定された3G-324Mという規格に準拠しているもので、世界の同方式を採用したサービスと相互にテレビ電話による通信が可能です。例えば国際ローミングに対応した端末を使って、海外からテレビ電話で日本にいる人とコミュニケーションできます。

◎スマートフォン向けテレビ電話

　スマートフォンの場合は主に、IP通信を使ったSkype、LINE、Zoomなどのアプリにより、テレビ電話機能が提供されています。iOSにはFace Timeというアプリケーションがあらかじめインストールされており、テレビ電話の利用が可能になっています。また、自宅のWi-Fi環境に市販のWebカメラを接続すれば、出先からスマートフォンのWebブラウザで家屋の監視を行うことも可能です。なお、これらアプリ・Webブラウザによるテレビ電話を使用する場合には音声通話と同じく、品質等についての注意が必要です。

---

*4 :Third Generation Partnership Project(サード ジェネレーション パートナーシップ プロジェクト)

またVoLTEが利用できる多くの端末では、テレビ電話機能が提供されています。VoLTEの高速で安定した通信品質とビデオ符号化方式の改良により、フィーチャーフォンのテレビ電話と比べてなめらかで高画質の映像を楽しむことができます。

2-4

様々なメール・メッセージサービス
メール・メッセージの種類とそれぞれの特徴を知ろう

いつでも持ち歩いているスマートフォン等のモバイル端末で、メールを含むメッセージを自動的に受け取れる機能は非常に便利です。このようなメールサービスには、スマートフォンやフィーチャーフォン同士での送受信を想定したもの、パソコン等ともやり取りできるものなど、多様なサービスがあります。それぞれのサービスの特徴を理解しましょう。

◎SMSとプラスメッセージ

SMS (Short Message Service) [*5] は、宛先として主に電話番号を用い、スマートフォンやフィーチャーフォン同士で簡単なテキスト（文章）メッセージを送受信できます。異なる移動体通信会社間でもやりとり可能です。またSMSの後継的な位置づけにあたるプラスメッセージは、スマートフォン上のメッセージングサービスです。プラスメッセージでは、写真・動画の送受やファイルの添付も可能になっており、日本国内の主要な携帯電話会社間でやり取りが可能です。

◎EメールとMMS

移動体通信会社が提供するEメール（キャリアメール）は、インターネットで一般に用いられるメールアドレスを用いることで、パソコンとも相互にメールを交換できます。そしてMMS (Multimedia Messaging Service) は宛先としてメールアドレスを用いることができ、Eメールと同様の機能を持ちます。Eメール及びMMSでは、画像や音声、動画等のファイル添付ができるようになっており、メール本文に色やアニメーション効果、画像等を使って装飾[*6]することも可能です。また、絵文字にも対応しており、移動体通信会社の違いを越えて絵文字のやり取りができます。EメールやMMSの場合、インターネット経由で大量に送信される迷惑メールも受信してしまう可能性がありますが、このような迷惑メールへの対策については第8章で解説します。

なおiOSで使われるiMessageはiOS独自のメッセージング機能であり、送り先がiOSの場合はiMessage（青色の吹き出し）、そうでない場合はSMS/MMS（緑色の吹き出し）となるように自動的に使い分けられています。

---

*5 ：移動体通信各社のSMSの名称は次のとおりです。〔NTTドコモ〕ショートメッセージサービス、〔KDDI〕Cメール、〔ソフトバンク〕SMS。

*6 ：「デコレーションメール」等と呼ばれるHTML形式のメール。なお、一部で互換性がありませんが、SMSも絵文字に対応しています。

*7 ：詳細は第4章を参照してください。

◎スマートフォンのメール機能

スマートフォンでは前述のSMS、Eメール、MMSのほか、ISP（インターネットサービスプロバイダ）が提供するEメール（プロバイダメール）を送受信することもできます。これは、パソコンでやりとりしているメールのサービスをスマートフォンでも実現するものです。すなわち、ISPのメールサーバにスマートフォンから接続して、メールを送受信するもの[*7]で、移動体通信会社が提供するEメール（キャリアメール）とは仕組みが異なります。

◎Webメール

Webメールは、パソコンのメールソフトやスマートフォン等のメール機能を使わずに、Webサイト上でメールの送信や受信の確認ができるサービスです。Webメールではメッセージ（メールそのもの）をWebサイトで保管しますので、利用する端末の種類やメモリ容量を気にする必要がありません。

Google社が提供する「Gmail」は、パソコン向けサービスとして始まり、迷惑メールフィルタ等の様々な機能が使えるため、スマートフォンでも利用者が増えています。なおGmailと同様に、NTTドコモの「ドコモメール」やKDDIの「Webメール」、ヤフーの「Yahoo!メール」も、スマートフォンやパソコンといった機器を選ばずに利用できます。ほかにも、スマートフォン等から利用可能な多くのWebメールサービスが提供されています。

◎メールを利用したサービス

緊急地震速報、津波警報や災害・避難情報等を、回線混雑の影響を受けずに、特定地域のユーザに一斉同報する緊急速報のメールサービスが各移動体通信会社から提供されており、気象庁や国・地方公共団体がこれらの緊急情報を配信しています。

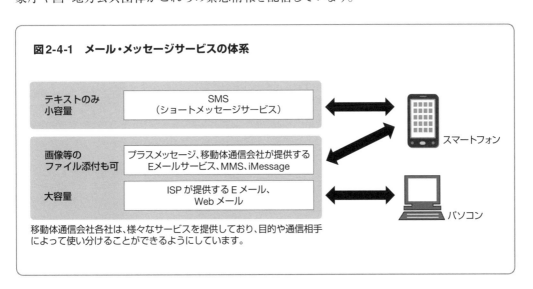

図2-4-1　メール・メッセージサービスの体系

2-5

SNS(ソーシャルネットワーキングサービス)
おもなSNSソフトについて理解しよう

　SNSとはソーシャルネットワーキングサービスの略で、一般には社会的な関係を構築する電子的な手段ととらえられます。このため広い意味ではメールや電子掲示板などもSNSといえますが、ここではスマートフォンの台頭に即して普及した主なSNSとして、LINE、X (旧Twitter)、Facebook、Instagramについて説明します。これらにはいずれも、テキスト・写真・動画(短時間)を投稿する機能があり、他人の投稿内容を評価したり(「いいね!」)、特定の投稿者の支持を表明する仕組み(「フォロー」)が備わっています。また検索用に、目印(「＃」、ハッシュタグ)を付与したキーワードを投稿内容に含めると、その投稿が検索されやすくなります。SNSは現代の新しいコミュニケーション形態として、音声やメール等と並んで重要な位置を占めるようになりました。

◎LINE

　LINEでは、テキストによるチャットがよく利用されます。チャットでは挿絵のような「スタンプ」が多種利用できるようになっています(スタンプは無料で利用できるものもありますが、多くは有料で販売されています)。また、通話サービスも提供されていますが、通常の音声電話と異なりデータ通信を利用するIP電話で実現されています。LINEのIDには電話番号が利用されますので(スマートフォンの場合)、電話帳に登録済みの人がLINEに参加している場合は、端末の電話帳を読み込むとLINEで連絡を取ることができるようになります。

◎X (旧Twitter)

　Xでは、「ポスト(旧ツイート)」と呼ばれる140文字(英語などは280文字)以内のテキストがよく利用されます。ログインをすると、自分専用のページの「タイムライン」に、自分の投稿に加え、あらかじめフォローをしたユーザの投稿が時系列順に表示されます。

◎Facebook

　Facebookでは、写真を添えたテキストがよく利用されます。自身のプロフィールをある程度詳しく設定すると、共通の関心(趣味等)や特徴(出身地)を持つグループが容易に検索できるようになります。また、他の利用者に友人になってもらうリクエストを伝えてそれが承認をされると、Facebook上での友人関係が構築できるようになります。

◎ Instagram

Instagramでは、写真や動画がよく利用されます。また、投稿する写真・動画に対して、自動でエフェクト加工を行う「フィルター」と呼ばれる機能が提供されています。

◎ SNS利用の注意

SNSは、多くの情報提供者と情報利用者が参加し多対多のコミュニケーションを気軽に行える特性があります。誰でもどのような情報でも発信できるため、発信された情報は正しいとは限りません。場合によってはフェイクニュースとして偽りの情報が広められている場合もあります。そのため、真偽は自己責任で判断した上で、発信を利用する必要があります。また誰に対しても発信できるため、特定の個人に向けた誹謗中傷が行われやすい事も社会問題となっています。

また、発信を行うと不特定多数の人に向けて直ちに「公開」されてしまう即時性も持ちます。個人同士のコミュニケーションのつもりで不適切な発信をひとたび行ってしまうと、取り消すことができず、多数の非難を受けてしまうリスクもあります。

SNSを利用する際は、このような特性を知った上で、注意深く活用する必要があります。

図2-5-1　おもなSNS

2-6

スマートフォンのインターネットサービス
スマートフォンでWeb閲覧を行う際の注意点を理解しよう

　スマートフォンにはパソコン向けWebサイトの閲覧に適した「フルブラウザ」というタイプの閲覧ソフトが標準搭載されています。パソコン向けのサイトをスマートフォンで閲覧しやすくするため様々な対策が講じられています。ここでは、このようなスマートフォンでWeb閲覧を行う際の注意点を理解しましょう。

◎パソコン同様のインターネット環境

　スマートフォンでは、パソコンと同じようにインターネット上のいろいろなサイトを閲覧したり、それ以外の様々なサービスを利用することができます。

　インターネットに接続するためにはISP（インターネットサービスプロバイダ）との契約が必要ですが、各移動体通信会社もスマートフォン単体からのインターネット接続サービスを提供しています。例えば、NTTドコモのspモード、KDDIのLTE NETや5G NET、ソフトバンクの5Gサービス利用料やウェブ利用料として提供されており、これらの利用には申込が必要です。また、動画やゲームなどデータ量の大きいサイトへのアクセスが多くなることから、スマートフォン専用の料金プランやデータ通信用の定額料金プランの利用が強く推奨されています。

◎スマートフォン対応サイトの特徴

　スマートフォンは一般のパソコン向けサイトへも自由にアクセス可能です。ただし、昨今では単にパソコン向けの画面をスマートフォンで見せるサイトばかりではなく、スマートフォンからのアクセスを意識したサイトが増えてきました。スマートフォンに特化したサイトは、以下のように様々な工夫を凝らしています。

- ・スマートフォンはパソコンよりも画面が小さく、また画面を指でタッチして操作するので、誤タッチを防ぐために行間や余白を大きくとる。
- ・操作性を重視して、メニューをシンプルにする。
- ・縦画面でも横画面でも見やすいように作る。
- ・フリック入力などのスマートフォン特有のインタフェースに対応する。

　このため、サイト側ではパソコン向けの表示と、スマートフォンに特化した表示の双方を用意して、使いやすさを実現しています。

　また、デバイスのブラウザ画面のサイズによって、画面のレイアウトを自動的に切り替える技

術も一般化しています。なお、移動体通信会社はスマートフォン向けのポータルサイトにおいて、お勧めコンテンツ（アプリ、映像・音楽）への誘導や検索機能を提供しています。そしてコンテンツ購入時の料金の回収代行サービスも提供しています。

最近ではスマートフォンの普及拡大により、モバイルコンテンツとモバイルコマースの市場規模がますます拡大しています（図2-6-2）。

図2-6-1　ポータル画面の例

● パソコン向け
● スマートフォン向け
● フィーチャーフォン向け

図2-6-2　モバイルビジネス（コンテンツ＋コマース）市場規模の推移

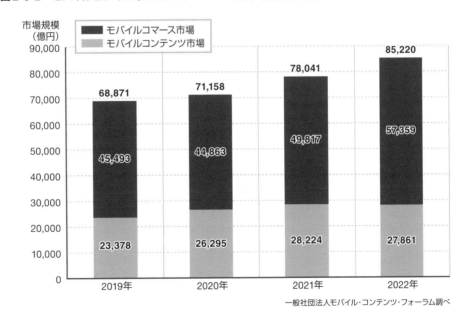

一般社団法人モバイル・コンテンツ・フォーラム調べ

2-7

スマートフォンのアプリ
スマートフォンの柔軟性を理解しよう

　スマートフォンは、CPU、メモリ、キー（キーボード）、ディスプレイ等のハードウェアを備え、仕様が公開された汎用的なOSを搭載しており、フィーチャーフォンに比べて自由度の高いアプリを作成することができます。ここではスマートフォンアプリの特徴を述べます。

◎スマートフォンのアプリの特徴

　フィーチャーフォンでもアプリ開発は可能でしたが、端末内部の情報や機能を利用することには制約が多く、例えばアドレス帳やカメラ、シャッター音などをアプリで自由に操作することはできませんでした。

　一方、スマートフォンの特徴は、「アプリを追加することでスマートフォンの機能追加やカスタマイズができること」であり、アプリ開発の自由度が向上しています。スマートフォンアプリは、次のようなスマートフォンならではの特徴を活かして作成されます。

・入力は主に、通話操作キー等ではなく、タッチパネルやソフトウェアキーボードから行う（5-7参照）。
・画面がフィーチャーフォンよりも大きく、縦向き、横向きで使うことがある。
・位置情報や姿勢・加速度などを知るための多様なセンサを備えている。

　詳細は第6章で説明しますが、スマートフォンのアプリは仕様が公開されたオープンな環境の下で開発でき、汎用的なOSの上で動作します。このため、ゲーム等のアプリを開発することもできます。

◎スマートフォンアプリの公開と入手方法

　作成したアプリは、マーケットプレイスと呼ばれるサイトに公開され、ユーザはそこからアプリをダウンロードして入手します。スマートフォン向けOSの公式マーケットプレイスには、Google Play（Google社）と、App Store（Apple社）があります（7-5参照）。

　アプリの公開にあたっては、マーケットプレイスの運営元の審査を受けます。また有料アプリの場合、フィーチャーフォンと同様、移動体通信会社の料金回収代行サービスを利用することが可能です。

　なお、公式マーケットプレイス以外からのアプリのダウンロードは、セキュリティー上のリスクが懸念されるため、基本的には避けた方が良いでしょう。

2-7 スマートフォンのアプリ

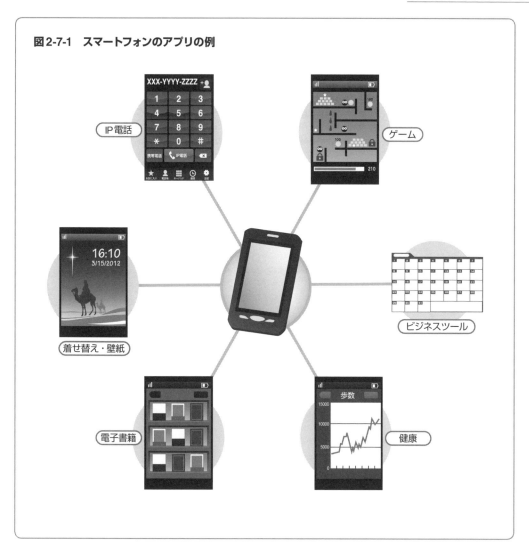
図2-7-1 スマートフォンのアプリの例

2-8

データ通信サービス
ノートパソコン等を用いたデータ通信を理解しよう

　スマートフォンやフィーチャーフォンにノートパソコンやゲーム機等を接続して、データ通信を行うことができます。また、データ通信専用端末やモバイルワイヤレスルータ等の機器を利用することもあります。移動体通信会社(携帯電話会社、またはモバイルWiMAX等によるモバイル通信サービスを提供する電気通信事業者)各社は、データ通信用のサービスや料金プランを設定しています。

◎様々なデータ通信の形態

　図2-8-1に様々なデータ通信の方法を示します。ユーザが使用するモバイル機器としては、ノートパソコンのほかにもタブレット端末、音楽プレイヤー、ゲーム機、デジタルカメラ、IoT機器等が挙げられ、無線装置を内蔵したモバイル機器もあります。また移動体通信会社のネットワークに接続するための機器としては、スマートフォン、タブレット端末[*8]、やフィーチャーフォンのほかに、カードスロットやUSBスロットに挿入して用いるデータ通信専用端末、モバイルワイヤレスルータ等があります。さらに接続手段としては、USBケーブル、Lightningケーブルのほか、ワイヤレスで接続する無線LANやBluetoothといった通信規格を利用する方法もあります。

◎データ通信での留意点

　これらの方法でデータ通信を利用するためには、移動体通信会社との契約はもちろん、ノートパソコン等のモバイル機器に通信ソフトウェアをインストールする必要があります。必要な通信ソフトウェアは、機器購入時の付属品やWebからのダウンロードなどの形で、移動体通信会社や機器メーカから提供されます。モバイル機器によっては、あらかじめインストールされているものもあります。いずれの場合も、機器同士が接続可能かどうか、OSのバージョン等を含め動作保証はされているか、確認する必要があります。

　料金プランにも注意が必要です。パソコン等のモバイル機器と接続して通信を行った場合、

---

*8：タブレット端末には、スマートフォンと同様に、移動体通信会社のネットワークに接続する機能を持つSIMカードスロット付きのものと、SIMカードスロットのないものがあります。

*9：スマートフォンやフィーチャーフォン向けのパケット定額プランは、パソコン等との接続利用を定額の対象外としている場合があります。

パケット量が過大になり、通常の従量課金プランではパケット通信料が予想を大幅に上まわる金額になる可能性があります。これを回避するために、①スマートフォン専用の料金プランやデータ通信の定額料金プランを選択する[*9]、②送受信したパケット量をモニタするソフトウェアを用いて料金を確認しながら使うなどの方法が採られます。なお、定額料金プランによって、専用のアクセスポイントを設定している場合があり、それ以外のアクセスポイントに接続すると従量課金となる場合があります。また、海外に持ち出してデータ通信を行う場合にも別の定額料金プランが提供されていますが、定額料金プランの対象となる接続先の現地の移動体通信会社が限定されている等の制限事項がありますので、よく確認する必要があります。

図2-8-1　様々なモバイル機器のデータ通信の方法

2-9

放送と映像サービス
ワンセグと映像配信・動画共有サービスの違いを理解しよう

スマートフォンやフィーチャーフォンの機能の一つに、「ワンセグ」と呼ばれるデジタルテレビ放送の受信機能があります。また、データ通信を利用した映像配信・動画共有サービスが提供されています。ワンセグの特徴や映像配信・動画共有サービスとの違いを学びましょう。

◎ワンセグとは

スマートフォンやフィーチャーフォン等のモバイル機器で受信することを対象とした地上波デジタルテレビジョン放送[*10]のことを、ワンセグといいます。図2-9-1にその仕組みを示します。

地上波デジタルテレビジョン放送では、以前のアナログ放送の1チャンネル分の周波数帯域を14分割（この分割単位をセグメントといいます）し、そのうち13セグメントを実際の放送に使用します。モバイル機器向け放送の目的で、13セグメントのうち中央の1セグメントだけを使用するのが、いわゆるワンセグ放送です。一方、中央を除く12セグメントすべてを用いて高精細画質放送（HDTV[*11]）1チャンネルを放送することもでき、高解像度のディスプレイを持つスマートフォンの一部で視聴が可能です。なお、iPhone/iPadのようなワンセグ受信機が内蔵されていない端末では、外付けの受信機を利用することで視聴が可能になっています。

◎ワンセグの特徴

ワンセグは、①低消費電力化が可能、②画面のノイズが少なく、移動や天候等の影響を受けにくいという特徴があり、その番組の視聴には放送波を受信するため通信料金は不要です。

またコンテンツ記述にWebサイトへのリンクも可能な記述言語BML[*12]を採用することで、テレビ番組とサイト上のコンテンツを結びつけることが可能となり、視聴者が番組に参加できる双方向型の番組・コンテンツを容易に制作することができます。

---

*10：「地デジ」と略されて呼ばれる場合もあります。

*11：High-Definition TeleVisionの略

*12：Broadcast Markup Languageの略

2-9 放送と映像サービス

◎映像配信・動画共有サービスの概要

　大きなディスプレイを持つスマートフォンやタブレット端末には、高速なデータ通信を通じて、多様な映像配信サービスが提供されています。ワンセグとの最大の違いは、ブロードキャストではなくユニキャストの仕組みで実現されている点にあります。移動体通信会社からはNTTドコモの「dTV」やKDDIの「ビデオパス」、その他にも映像配信会社などによるAmazon PrimeビデオやHulu、Netflixなどが無料・有料コンテンツを提供しています。一方、テレビ放送会社では、無償の再配信サービスを期間限定で提供する動きが盛んになっています（NHKプラス／Tver等）。

　更にデータ通信による映像サービスとして、動画共有サービス（YouTube、ニコニコ動画等）についても説明します。このサービスもユニキャストで実現されていますが、映像配信サービスと異なるのは、基本的に利用者自身が動画を投稿する点にあり、一種の個人放送局のような枠組みが提供されています。そして、投稿動画に対する視聴者からの評価に応じて、何らかの報酬が投稿者にフィードバックされる仕組みがあり、その結果、影響力の極めて高い投稿者（YouTuber等）が生まれる状況にもなっています。

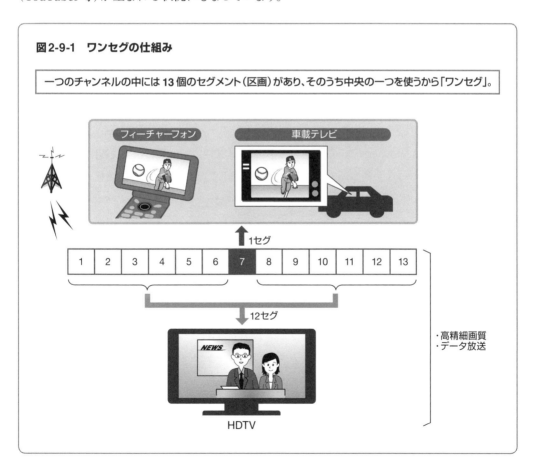

図2-9-1　ワンセグの仕組み

2-10

ローミングサービス
海外でもスマートフォンやフィーチャーフォンがつながる仕組み

◎ローミングサービスとは

　自分が契約している移動体通信会社とは別の移動体通信会社の通信設備を使って通話・通信することをローミング（roaming）といいます。

　ローミングサービスを利用するためには、次のような条件を満たす必要があります。

　①移動体通信会社同士が契約を締結し、通話料・通信料の扱いを取り決めている。

　②ユーザの使うモバイル端末が、ローミング先となる移動体通信会社の通信方式と周波数帯にも対応している。

　③ユーザがローミングサービスの利用契約をしている。

◎国際ローミング

　海外でスマートフォンやフィーチャーフォンを利用する場合は、このローミングサービスの仕組みを使います。現在、国内各社は海外各国の移動体通信会社とそれぞれローミング契約を締結し、通話料等を取り決め、サービスを提供しています。一般的に、国内から海外への国際通話を伴うので通信料が高く、また着信であっても通話料がかかるという特徴があります。

　通常、海外でのフィーチャーフォンやスマートフォンの利用には、海外でも使用できる端末をそのまま利用するケース（国際ローミング）と、SIMカード（5-10参照）だけを渡航先の国で使われている端末に差し替えて利用するケース（SIMカードローミング[*13]）の二つのパターンがあります（図2-10-1と図2-10-2）。

　国際ローミングを行う場合は、渡航先の移動体通信会社の通信方式に対応したスマートフォンやフィーチャーフォンを使う必要があります。ユーザが普段利用しているスマートフォンやフィーチャーフォンが対応していない場合には、必要な通信方式をサポートしたスマートフォンやフィーチャーフォンをレンタル等で入手した上で、SIMカードローミングを用いることにより、海外での利用が可能となります。

◎国内ローミング

　国内の移動体通信会社間のローミングサービスも存在します。歴史的には、携帯電話サービ

---

*13：SIMカードローミングは、プラスチックローミング、またはチップカードローミングともいいます。

スが始まった比較的初期の段階では移動体通信会社各社のエリアが限定的であったことから、それらを補うためにローミングが活用されていました。さらにその後の携帯電話サービスの普及に伴い、移動体通信会社各社のエリアも充実してきたため、国内のローミングは基本的に活用されなくなりました。しかしながら2019年に楽天モバイル株式会社が新規の移動体通信会社として国内市場に参入した際には、当初エリアが限定的である状況が再び発生しました。このため、サービス競争の促進に寄与することを目的に、暫定的な措置としてKDDI社とのローミングが2026年3月末まで行われることになりました。

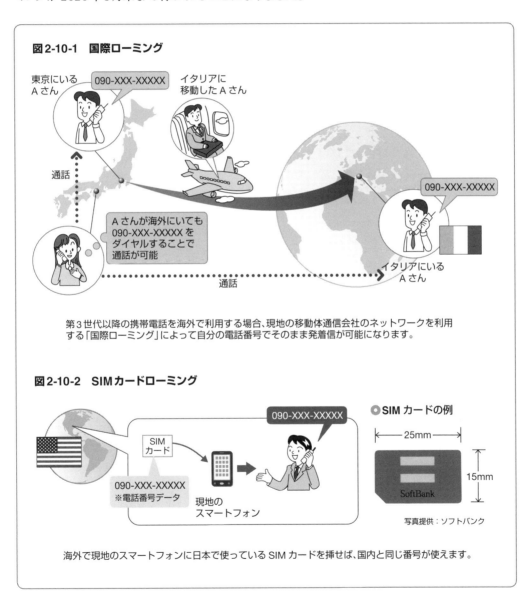

2-11

おサイフケータイの仕組み
通信サービスとの連携を理解しよう

　これまで「人と人」あるいは「人と情報」を媒介するという役割を果たしていたスマートフォンやフィーチャーフォンでしたが、モバイルFeliCaの登場により、外部機器との接続という新しい用途が加わりました。また最近では、FeliCaの機能を包含したNFC（Near Field Communication; 近接型無線通信）という通信方式も実用化されています。

◎おサイフケータイ機能

　わが国ではモバイルFeliCaを利用したサービスを「おサイフケータイ」というブランド名で各移動体通信会社が推進しています。おサイフケータイは、カードタイプのFeliCaで提供されるサービスに比べ、いくつものメリットがあります。

　まず、おサイフケータイは専用のアプリ経由で初期設定や情報登録が行えるので、サービス提供側からカードを配布する手間が省けます。利用者側からすると、複数のサービスから好みのものを登録して、一つにまとめて利用することができます。また、カードタイプのFeliCaと異なり、スマートフォンやフィーチャーフォンのディスプレイを使って電子マネーの残高情報等を表示させることもできます（ビューワ機能）。さらに、カードタイプでは電子マネーの残高が不足した場合、チャージができる専用の端末を設置している場所まで出向く必要がありますが、おサイフケータイなら通信機能を利用できるので、専用のアプリを経由してその場でチャージすることが可能です[*14]。そのほかにも、通信機能を用いて電子チケットの情報を取得するなど、おサイフケータイ特有のサービスが提供されています。

◎モバイルFeliCaとは

　モバイルFeliCa技術は非接触ICカード「FeliCa」をベースとしたモバイル端末対応の決済機能に対応したプラットフォームであり、2004年におサイフケータイとして利用が始まりました。その後、Apple PayやGoogle Pay等のスマホ決済プラットフォームにも対応し、AndroidおよびiPhoneのほとんどの端末でキャシュレス支払にこの技術が利用できるようになりました。また、一つのICチップに複数のサービス（機能）を持たせることができるため、電子マネーや定期券、社員証、会員証や入退室管理等、様々な用途に用いることができます（図2-11-1）。

---

*14：ただし、利用にあたっては銀行口座またはクレジットカード決済情報の事前登録が必要です。

◎その他のスマホによるキャッシュレス決済サービス

その他のスマホのNFC利用キャッシュレスサービスとして、Apple pay、Google Pay、楽天ペイなどがあり、それぞれのアプリをダウンロードして提携したプリペイドカード、クレジットカード、デビッドカードを登録することで利用できます。

◎NFCとは

13.56MHz帯を用いる非接触ICカードには、FeliCaのほかに国際標準規格であるISO/IEC 14443 Type A(taspo等)、ISO/IEC 14443 TypeB(IC運転免許証、マイナンバーカード等)という方式があります。これらで使われている通信を総称してNFCと呼びます。NFCの対応機器には基本的に、図2-11-2のようなマークが添付されています。共通する特徴は、約10cmという非常に近い距離でしか動作しないため、かざすような仕草をしているときだけしか通信しないことです。

スマートフォン向けOSのAndroid 2.3以降ではNFCの機能をサポートし、多くのスマートフォンにNFCが搭載され、NFCに対応したモバイル機器や家電機器が増えています。これらの機器は、かざすだけでお互いを連動させることができます。

さらにiOSではiPhone 6からNFCチップ搭載が始まりました。当初はType A、Type Bのみの対応でしたがiPhone 7からFeliCa対応NFCチップが搭載されました。

NTTドコモ、KDDI、ソフトバンクの3社は、「モバイルNFC協議会」を設立し、モバイルFeliCaだけでなく、NFCのTypeA、TypeBを含めたモバイルNFCサービスの普及拡大に取り組んでおり、NFCを用いたおサイフケータイサービスが実現されています。海外で広く利用されているVisaのpayWave、MasterCardのPayPassなどが、従来のモバイルFeliCaによるサービスと同様に、スマートフォンで利用できるようになっています。今後もNFCと互換性のあるサービスの拡大が期待されます。

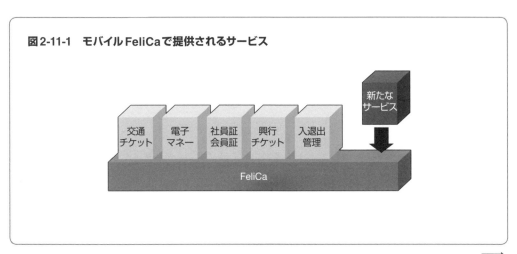

図2-11-1 モバイルFeliCaで提供されるサービス

図2-11-2　NFCのマーク

第3章

モバイル通信・通話の仕組み

本章では、スマートフォンやフィーチャーフォンが無線を利用してどのような仕組みで通信しているのか、そしてより高品質で高速かつ大容量通信を実現させるためにどのような技術が用いられているのかを解説します。

ここでは、無線通信方式ごとの特徴や電波の特性等を総合的に理解するとともに、スマートフォンの普及に伴う通信量の急増とその対応についても理解しましょう。

3-1
セルラー方式とハンドオーバ／位置登録
移動体通信方式の基礎を理解しよう

　スマートフォンやフィーチャーフォンの通信エリアは、多数のセルを連続して配置することにより、面的に覆う形で形成されています（図3-1-1）。セルとは一つの基地局がカバーする範囲を意味し、複数のセルによりエリアが構成されている様子が「細胞（cell）」状にみえることから、セルラー（cellular）方式と呼ばれています。移動体通信（携帯電話）のエリアは、多数のセルによってエリアを構成する手法が使われています。

◎セルラー方式の必要性
　一般に、一つの周波数の電波を同じ場所で何人もが同時に使うと、混信や干渉等の問題が生じます。そのため周波数ごとに、その電波が届く範囲（カバレッジ）に境界を設ける必要があります。さもないと、同時に通信できるユーザの数が大きく制限されてしまいます。そこで図3-1-1のように、セルごとに境界を定めた上で、隣りあったセルで異なる周波数[*1]を使うようにしています。これにより、セル間の混信等を防止しつつ、同じ周波数を他の離れたセルでも繰り返し利用できるようにして、周波数の利用効率を高めています。

◎ハンドオーバとは
　端末では常時周辺の複数の基地局からの電波の強さを測定し、接続している基地局に報告しています。通信中に、端末の移動に伴い、接続中の基地局からの受信電波が弱くなってくると、基地局は、逆に強くなってくる電波を送信する隣接セルの基地局への切り替えの必要性を判断し、当該隣接セルの基地局へ接続先を切り替えるよう端末に指示を送って切り替えを行います。このように、端末が移動に伴って接続先の基地局を切り替えることをハンドオーバといいます（図3-1-2）。

◎位置登録とは
　移動体通信では、通信していない状態でも、前述の通り、周囲の基地局からの電波の強さを常時測定しており、端末の移動に伴い最も電波の強い基地局が替わるたびに、その基地局がど

---

*1：なお、CDMA方式では隣接セルでも同じ周波数を使っていますが、その代わりにセルごとに別々の符号を割り当てて識別しています（CDMA方式に関しては、3-4参照）。

の交換局に接続されているかをチェックします。そしてその交換局が今まで接続していた局と違っている場合、新しい交換局に対し、その交換局がカバーしているエリア内に自身がいることを通知します。この手順を「位置登録」といいます。このように、交換局側で常に端末がどこにいるかを把握しておくことにより、その端末宛に電話がかかってきた際に、瞬時に端末を呼び出すこと(ページング)ができる仕組みになっています(1.1参照)。

図3-1-1 基地局の構成と仕組み

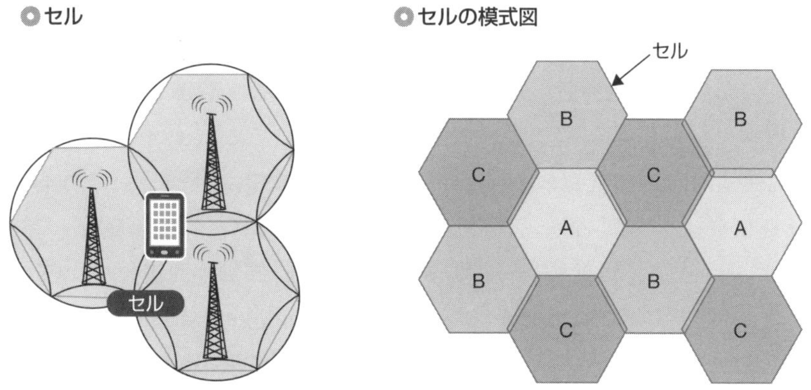

◎ セル

◎ セルの模式図

・A、B、Cは個々のセルで使用している周波数帯を示します。
・隣り合うセルに異なる周波数帯を割り当てることで、混信を防止しながら、A、B、Cの周波数帯を繰り返し使うことができます。

図3-1-2 ハンドオーバの仕組み

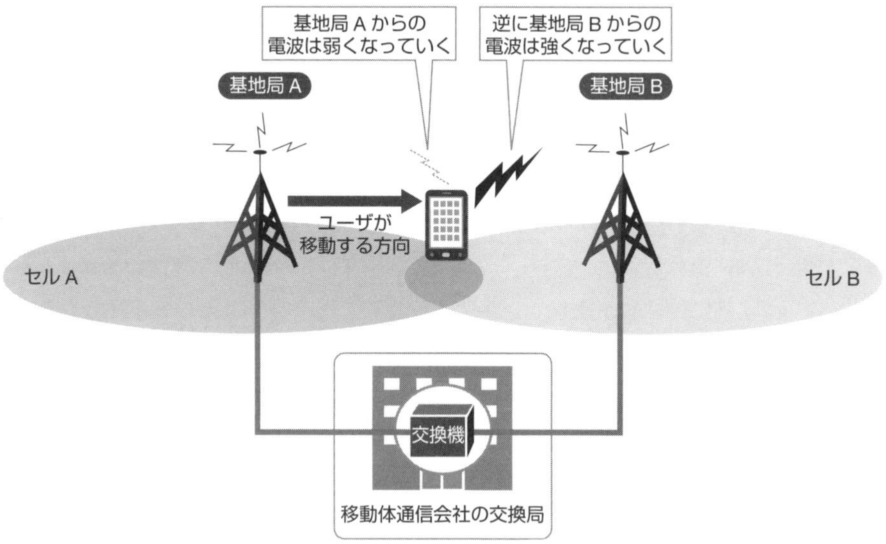

3-2

電波の性質とその利用
移動体通信で利用する電波について理解しよう

◎**移動体通信で利用される周波数**

　1-1、1-5で述べたとおり、移動体通信は基地局と端末との間で電波を送受信することにより通信を行いますが、各々が好き勝手に電波を発射すると、互いに妨害波となったり、混信が発生し通信ができなくなる場合もあります。また、電波は限りのある資源なので、国際的に電波の正しい利用方法や有効利用に関して法的な規定が設けられており、わが国では『電波法』をはじめとする関連法規によって、電波の利用が管理されています。携帯電話、モバイルWiMAX等の移動体通信会社は、総務省から免許を受け、割り当てられた周波数を使って無線通信を行うことにより、サービスを提供しています。表3-2-1に現在、移動体通信会社に割り当てられている周波数帯を示します。なおこのほかにも、無線LANやBluetooth等にはISMバンド[*2]として規定される2.4GHz帯と5GHz帯の周波数の電波も利用されています。

◎**移動体通信で利用される電波の特性と移動体通信会社等の対応**

　電波は、その発生源から放射状に広がり、真空中であればどこまでも伝わっていきます。しかし実際には、電波は空気中を伝わるため、その強さが徐々に減衰していくうえに、周辺にある家や、ビル等の建物、山、海や河川等により進路を曲げられたり、弱められたりします。

　スマートフォンやフィーチャーフォン等のモバイル端末は通常、見通しのある基地局のアンテナとの間で電波を送受信しています。このように、アンテナから真っ直ぐに最短距離を飛んで来る電波を「直接波」といいます（図3-2-1）。しかし、街中や室内等、直接基地局のアンテナが見えない場所でも、建物等で反射された「反射波」や建物の裏側に回り込む「回折波」を利用して通信ができる場合があります。このように電波は、いくつかの経路を通って端末に届きます。その経路をマルチパス（複数経路）といい、この特性を考慮して無線通信が行われます。

　図3-2-2に示すように、端末が鉄筋コンクリートでできたビルの内部や地下、あるいは大きな建物の陰にある場合などは、電波の伝搬路が遮へいされるので、通信を行うことができないケースがほとんどです。移動体通信会社は、電波を受信できない場所や地域（これを電波不感

---

*2 : **Industrial Scientific and Medical band**：国際的に、無線通信を目的としない産業・科学・医学用途の誘導加熱機器等に割り当てられた周波数帯域であり、13.5MHz帯〜24GHz帯域に点在する複数の帯域の総称です。なお、一部の帯域では、通信用途の無線機の利用も認められています。わが国では2.4GHz帯は10mW以下の出力の無線機器が無線局免許不要で利用でき、Bluetoothや無線LANのほか、電子レンジ等に用いられています。

*3 : マクロセル等からの電波が届かない場所に対して、電波を中継して通信ができるようにするための無線設備です。

地帯といいます）を解消するために、3-1で説明したセルに加え、室内、地下等の不感地帯に小規模基地局設備やリピータ[*3]を設置するなどの対策を講じ、利用者の利便性の向上に努めています。また電波が弱いからといって、単にある基地局の電波の出力を上げると、セルの範囲を越えて他の基地局のユーザにとって妨害波になることもあります。移動体通信会社ではこれらの状況を十分に考慮し、基地局の適切な配置と送信電力等を決定しています。

表3-2-1　周波数割当て　　　　　　　　　　　　　　　　　　　　　　　　　　　（2024年3月末現在）

周波数帯	利用している移動体通信会社	周波数帯	利用している移動体通信会社
700MHz帯	NTTドコモ、KDDI、ソフトバンク、楽天	2.5GHz帯	UQコミュニケーションズ、WCP*
800MHz帯	NTTドコモ、KDDI	3.4/3.5GHz帯	NTTドコモ、KDDI、ソフトバンク
900MHz帯	ソフトバンク	3.7GHz帯	NTTドコモ、KDDI、ソフトバンク、楽天
1.5GHz帯	NTTドコモ、KDDI、ソフトバンク	4.5GHz帯	NTTドコモ
1.7GHz帯	NTTドコモ、KDDI、ソフトバンク、楽天	28GHz帯	NTTドコモ、KDDI、ソフトバンク、楽天
2GHz帯	NTTドコモ、KDDI、ソフトバンク		

＊WCP（ワイヤレスシティプランニング）：ウィルコムから事業継承したソフトバンクのグループ会社

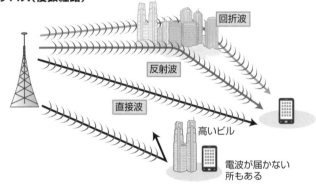

図3-2-1　マルチパス（複数経路）

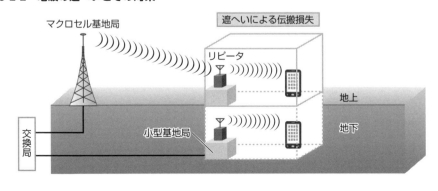

図3-2-2　電波の遮へいとその対策

3-3

FDMA方式とTDMA方式
移動体通信方式の変遷(1)

3-3及び3-4では、できるだけ多くのユーザに対し、同時にサービスを提供するために使用される多重化、あるいは、多元接続技術とその変遷について解説します。

◎移動体通信の多重化と多元接続方式

移動体通信では、音声やデータを変調[*4]した信号を送信し、受信側ではその信号を受信して復調(元の音声やデータに復元すること)します。この信号をやり取りする回線をチャネル(または通信チャネル)と呼んでいます。割り当てられた周波数帯を効率よく使用して、多くのユーザにサービスを提供するため、周波数や使用する時間を分割して複数のチャネルを確保する、多重化(Multiplexing)、あるいは、多元接続(Multiple Access)という技術を使用します。

◎周波数を分割してチャネルを割り当てるFDMA[*5]方式

割り当てられた周波数帯を、一定の周波数間隔に分割して使用する方式です。チャネルごとに使用する周波数が設定されるため、ユーザは周波数の違いで相手を識別して通信を行います。音声やデータはそのまま変復調して送受信され、一つの周波数は一つのチャネルによって占有されます(図3-3-1)。FDMA方式は第1世代(アナログ方式)から採用されています。

◎時間を分割してチャネルを割り当てるTDMA[*6]方式

FDMAによって分割された一つの周波数のチャネルを、さらに一定の時間ごとに分割して複数のチャネルを確保する方式です。この方式では、タイムスロットと呼ばれる分割された時間単位を利用して送受信を行います。タイムスロットはA→B→C→A→B→C…のような順番で周期的に繰り返されるため、図3-3-2のAさんとDさんのように、送信側と受信側がタイミングを合わせて同じタイムスロットを使用することで支障なく会話ができます。

ユーザは時間(タイムスロット)で相手を識別して通信を行います。この方式は第2世代のデジタル携帯電話より採用されており、欧州を中心に世界で利用されているGSMや、かつてNTTドコモのmovaの第2世代方式(2G)等で使用していたPDCで採用されています。

---

*4:情報を電波によって伝送するために最適な電気信号に変換すること。

*5:**Frequency Division Multiple Access**:周波数分割多元接続

*6:**Time Division Multiple Access**:時分割多元接続

3-3 FDMA方式とTDMA方式

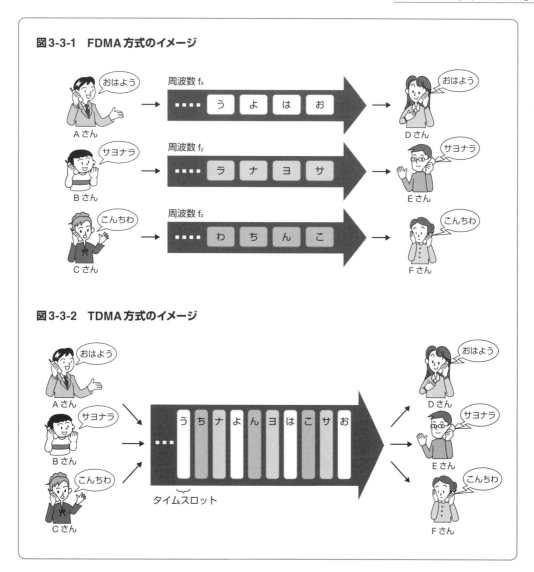

図 3-3-1 FDMA方式のイメージ

図 3-3-2 TDMA方式のイメージ

45

3-4

CDMA方式とOFDM方式
移動体通信方式の変遷(2)

　2000年代に導入された第3世代携帯電話では、大容量の音声情報をはじめとする各種のデータを効率的に伝送可能なCDMA[*7]という多元接続方式が採用されました。2010年から普及の始まったモバイルWiMAX方式や、3.9世代方式のLTE以降は、より高速で大容量の情報伝送を可能とするOFDM[*8]という多重化方式を採用しています。

◎ CDMA方式の仕組みと特徴

　CDMA方式では、音声やデータの信号を互いに異なる拡散符号[*9]によって元の信号よりも広い周波数帯域に展開(拡散といいます)し、多数の信号を同一の周波数帯に重ね合わせて通信を行います。受信側では、送信側と同一の拡散符号で逆の操作(逆拡散といいます)を行って目的の信号のみを取り出します。割り当てられた拡散符号が個々のチャネルを識別する鍵の役目を果たしていて、同じ鍵がなければ信号を取り出せない仕組みになっています(図3-4-1)。

　CDMA方式をセルラー方式(3-1参照)に適用する場合、高速の送信電力制御と高度な時間同期が必要となりますが、柔軟な接続チャネル数増減が可能なことから、周波数利用効率の改善が図れます。また、符号拡散により一定の秘匿性が得られることも特徴の1つです。

◎ OFDM方式の仕組みと特徴

　OFDM方式は、前節で述べたFDMAによる伝送の拡張と考えることができます。FDMA(図3-3-1)では、1通話(または1通信)に1チャネル分の周波数帯を割り当てて伝送しますが、受信側で元のデータを正しく復元するために、隣接するチャネル同士の間隔を一定程度空けておく必要があります。OFDM方式では、最新のデジタル変調技術[*10]を使って、互いに重なり合っている状態でデータを正しく伝送できる幅の狭いデジタルチャネル[*11]を多数用意し、それぞれの通信のデータ伝送速度に応じてデジタルチャネルを割り当てて伝送することで、

---

*7 :Code Division Multiple Access (符号分割多元接続)の略です。上り回線に適用する無線アクセス方式の呼称です。対になる下り回線ではCDM(Code Division Multiplexing、符号分割多重)と呼ぶ多重伝送方式が利用されます。

*8 :Orthogonal Frequency Division Multiplexing(直交周波数分割多重)の略です。

*9 :Pseudo Noise(疑似乱数)系列などを組み合わせた符号を利用します。

*10 :この技術は「直交マルチキャリア変調」と呼ばれます。

*11 :FDMA方式と対比するためにここでは「チャネル」と記していますが、一般には「サブキャリア」と呼ばれています。

*12 :LTEの下り回線にはOFDM(多重方式)、上り回線にはOFDMの原理を応用した多元接続方式が採用されています。

電波の利用効率を高めています。同方式はモバイル環境での高速データ伝送に適しており、LTE[*12]以降、第5世代方式（5G）に至る各方式とモバイルWiMAXなどの移動体通信のほか、無線LANやデジタル放送にも使われています。

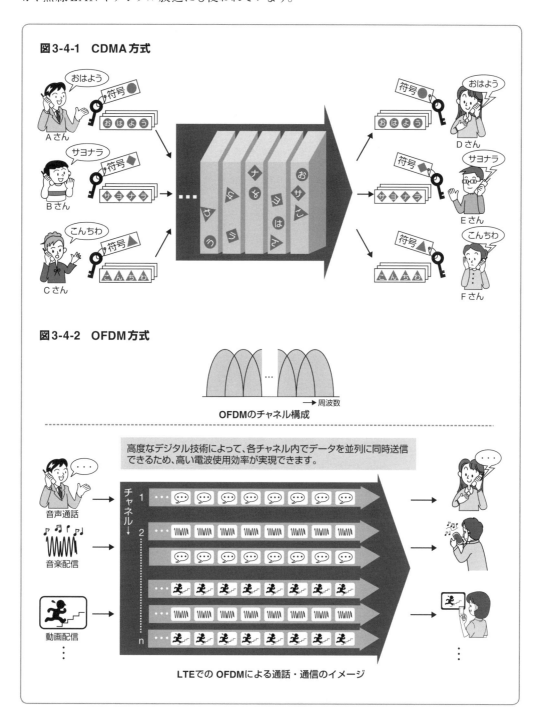

3-5

第3世代携帯電話の特徴
国際標準規格を知ろう

2000年代初頭から導入されている第3世代携帯電話方式（3G）は、ITU[*13]で標準化された通信技術の国際規格です。IMT-2000[*14]方式とも呼ばれます。

◎世界共通の携帯電話サービス規格を目指したIMT-2000

1980年代中頃から世界中で提供が開始された第1世代携帯電話サービスは、各国ごとに運用周波数帯域や通信方式が異なっていました。このため国境を越えて携帯電話を利用することが難しく、国際間においては携帯電話の可搬性（持ち運びができる特性）や相互運用性を十分に活かすまでには至っていませんでした。その後、1990年代の第2世代サービスとして、欧州とアジア（日本と韓国を除く）では、GSM方式という共通の通信方式を採用することで、1台の携帯電話端末を複数の国間で移動しながら利用することも可能となりました。このGSM方式は、さらに北米、南米、オセアニア、アフリカ等にも広がりました[*15]。

第3世代（3G）の規格策定においては、さらにシームレス[*16]な環境で携帯電話を利用できるように、国際的に通信規格を統一することを目的として検討が行われました。その結果、ITUにおいて、国際標準規格IMT-2000の策定が行われました。

IMT-2000に定められた要求条件は、次のようなものです。

①世界で統一された通信方式と周波数帯域を利用すること。

②静止時に2Mbps、歩行時に384kbps、車速でも144kbpsという高速データ通信を実現すること。

③固定電話並みの通話品質を保つこと。

---

*13：**International Telecommunication Union**：インターナショナル・テレコミュニケーション・ユニオン、国際電気通信連合

*14：**International Mobile Telecommunications-2000**：インターナショナル・モバイル・テレコミュニケーション2000

*15：ただし、日本ではGSM方式は採用していません。

*16：「継ぎ目のない」という意味であり、ユーザが複数のサービスを違和感なく統合して利用できる状態を指します。ユーザはあたかも同じサービスを利用しているかのように複数のサービスを利用することができます。

*17：**High Speed Packet Access**：HSDPA (High Speed Downlink Packet Access：ハイスピード・ダウンリンク・パケットアクセス)とHSUPA (High Speed Uplink Packet Access：ハイスピード・アップリンク・パケットアクセス)の総称。

*18：FDMA(3-3参照)の拡張であり、データ速度と周波数の配置に特別な関係を持たせることで、周波数利用効率を上げることが可能です。またマルチパス(3-2参照)干渉に強いという特長があります。

◎主なIMT-2000無線通信システム

ITUでは各国からの提案を検討し、IMT-2000の移動体通信システムとして、六つの規格が策定されました。

わが国ではこの中から、2001年から2002年にかけてW-CDMA方式とCDMA2000の二つの方式が導入され、その後、2009年からモバイルWiMAXも導入されています。また、同一システム間での国際ローミング（2-10参照）に対応した携帯電話端末も発売されています。

世界で用いられている主な携帯電話及びPHSの通信方式を表3-5-1に示します。

◎第3世代システムの進化形：3.5G、3.9G

主としてデータ通信を利用するユーザのパケット通信に対する高速化ニーズに応えるため、当初の3Gシステムに加え、W-CDMA系ではHSPA[*17]、CDMA2000系ではCDMA2000 1X EV-DOが導入されました。HSPA方式は3.5世代（3.5G）と呼ぶこともあります。

さらに、3-4で説明したOFDM[*18]方式を用い、周波数利用効率向上と移動環境下でのより高速なデータ伝送を実現するシステムが利用されています。W-CDMA系のLTE、モバイルWiMAX、PHSの後継システムであるAXGPがこれに該当し、これらを総称して3.9世代（3.9G）移動通信システムと呼ぶこともあります。

なお、KDDIは2022年3月に3G方式の運用を終了し、他の事業者も2026年3月までに運用を終了する予定です。

表3-5-1　主な移動体通信方式（第2～第4世代）

方式名	特徴	利用地域・移動体通信会社等
PDC	NTT方式の第2世代	日本。NTTドコモが導入。運用終了。
GSM	欧州規格の第2世代	日本ではサービス提供されていない。国際的に広く利用されてきているが、段階的にサービス停止が進んでいる。
PHS	コードレスホン発展型	日本・アジア諸国。日本ではウィルコム（現ソフトバンク）が導入。2023年3月末に国内のすべての運用が終了。
cdmaOne	米国Qualcomm社の第2.5世代	米国・韓国・香港・イスラエル・ベネズエラ・日本。日本ではKDDIが導入。運用終了。
W-CDMA	日欧提案の第3世代	主に欧州・日本。日本ではNTTドコモ、ソフトバンク、ワイモバイルが導入。2026年3月までに国内の運用が順次終了予定。
CDMA2000	米国提案の第3世代	米国・日本・カナダ・韓国・中国等。日本ではKDDIが導入。2022年3月末に国内の運用終了。
モバイルWiMAX	IEEE技術ベースの第3世代	欧米、アフリカ、アジア、韓国、日本等。日本ではUQコミュニケーションズが導入。
LTE	3GPPで策定されたOFDMAを利用した第3.9世代技術	欧米、アジア、日本。日本ではNTTドコモ、KDDI、ワイモバイル（現ソフトバンク）が導入。
LTE-Advanced	LTEの機能を拡張した第4世代技術	欧米、アジア、日本、韓国等。日本では、KDDI、ドコモ、ソフトバンクが導入。
AXGP*	PHSを高速化したXGPの改良版	日本ではソフトバンクの子会社が導入。

* **AXGP**：Advanced XGPの略。

3-6

第4世代移動通信システム
LTEを中心とした移動通信方式の高度化を知ろう

　前節で述べた第3世代携帯電話方式から第3.5世代方式では、CDMAという多元接続方式が採用されてきました。その後日本で、2009年以降にサービス提供が開始されたモバイルWiMAXやLTEでは、高速移動時でも利用が可能で、かつ高速データ通信への要求に応えるため、OFDMというCDMAとは異なる多重方式に基づく技術が採用されました。これらのシステムは、国内では、「3.9世代システム」と呼ばれています。さらに、2014年からは、「第4世代移動通信システム」としてLTE-AdvancedというLTEを高度化したシステムが導入されました。

◎モバイルWiMAXとは

　従来の無線LAN方式（3-7参照）では、利用可能なアクセスポイントが比較的近距離のものに制限され、また、移動中のモバイル端末からのアクセスが保証されていませんでした。こうした点を改善し、より広域で利用でき、かつ移動中でも接続ができるように開発されたワイヤレスブロードバンドシステムの一つが「モバイルWiMAX」です。これはIEEE802.16eという無線規格をベースに作成されたシステムで、多重方式にOFDM方式を用い、半径2〜3km程度のカバレッジ（一つの基地局がカバーするエリア）があり、時速120km程度で移動中の端末でも通信を行うことがきます。日本では2009年から、KDDIの関連会社であるUQコミュニケーションズがモバイルWiMAXによるサービスを提供しています。

◎LTEとは

　LTE（Long Term Evolution）は、携帯電話技術の標準化団体である3GPP[*19]で策定された世界標準規格です。WiMAXと同様にOFDM方式を採用し、高度な変調技術やアンテナ技術を導入することにより、システム最大能力で運用した場合、下り方向最大300Mbps、上り方向最大75Mbpsのデータ通信速度を提供することが可能です。また、このシステムは、通信速度の大容量化・高速化のみならず、システム構成が簡素化されたことで、第3世代のシステムよりも接続に要する遅延が短縮されています。日本では2010年末からNTTドコモを皮切りに、KDDI、ソフトバンクもLTEサービスの提供を行っています。

---

*19：第3世代携帯電話標準化団体である3rd Generation Partnership Projectの略称です。

*20：1Gbpsは1Mbpsの1000倍の速度です。

LTE技術は、データのみならず、音声も含めすべてのトラフィックをパケット通信方式で処理することを前提にして設計されています。つまり、音声もこれまでの回線方式の代わりに、VoLTE（Voice over LTE）というパケット通信技術を用いることで、通信回線のより効率的な利用が可能となります（VoLTEについては2-1参照）。また、低遅延性が考慮されたことにより、音声等のリアルタイム性が重視されるトラフィックの伝送にも適した方式となっているのが特徴です。

◎第4世代移動通信システム

第4世代移動通信システムでは最大通信速度1Gbps[*20]を目指した技術開発が行われ、LTE-Advanced、WiMAX2の標準化が行われました。並行して、モバイル端末のデータ処理能力がパソコンに比べても遜色のない性能を持つようになりました。

第4世代システムの要素技術としては、すでに3.9世代で採用されたOFDM方式（3-4参照）のほかに、複数の周波数帯の電波を束ねて使うCA（キャリア・アグリゲーション）、複数の送信・受信アンテナ間で別々の信号を送受して、高度な信号処理を用いて分離するMIMO（Multiple Input Multiple Output）等があります。これらの技術を組み合わせて利用することにより、一層の通信速度の高速化を実現することが可能になりました。

第4世代システムの展開と並行して広く使われるようになったスマートフォンの普及により、音声や文字による通信に加えて静止画や動画など、情報量の大きな通信の利用が増えました。これに伴ってネットワークの通信トラフィックの増加が著しくなったことから、3-8で説明するように無線LAN等をスマートフォンに内蔵して状況に応じて通信とトラフィックを固定通信網に分散させるオフローディングの利用が一般的になりました。これらの状況とあわせて第4世代システムまでの移動通信技術の発展と第5世代システムへの展開の様子を図3-6-1に示します。

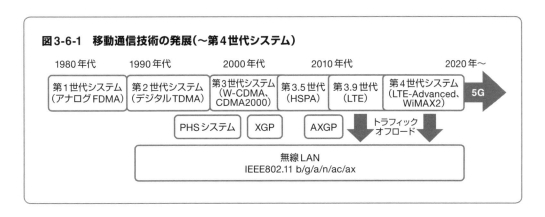

3-7

無線LANによる通信
スマートフォンで利用が高まっているWi-Fiを知ろう

　スマートフォン等によるデータ通信を快適に利用するために、無線LANの活用が増えています。ここでは、Wi-Fiという語を用いてブランド名でも使われるようになった無線LANの概要、高速化、利用形態を説明します。

◎無線LANの高速化とWi-Fi

　無線LANとは、伝送路に有線ケーブルではなく、電波を使用してデータを伝送するLAN(ローカルエリアネットワーク)のことです。無線LAN規格は、有線LAN規格であるイーサネットを免許不要な電波によって無線化するIEEE802.11(WLAN:ワイヤレスLAN、無線ローカルエリアネットワーク)規格を指します。

　同規格には、2.4GHz帯のIEEE802.11b(以下、11b)と11g、5GHz帯の11aと11ac(Wi-Fi 5)、2.4GHz帯と5GHz帯の両方が使える11n(Wi-Fi 4)と新たに普及が始まった11ax(Wi-Fi 6)があります(表3-7-1)。これらの規格はインターネットへ接続する無線LANルータ(無線LANアクセスポイント、以下AP)に実装されています。最大データ速度は11gと11aでは54Mbpsでしたが、複数アンテナ技術などによって11n(Wi-Fi 4)では600Mbps(アンテナ4本:4ストリーム)、11ac(Wi-Fi 5)では6.93Gbps(8ストリーム)、さらに11ax(Wi-Fi 6)では9.6Gbps(8ストリーム)まで高速化されています。

　APと、無線LAN機能を内蔵したスマートフォン等の端末との間は、同じ規格同士でないと通信できません。ただし、同じ周波数帯の規格の間では互換性があります。例えば、2.4GHz帯の11b/g/n対応機器は、通信相手が11gならば、相手の規格に合わせて11gによって通信します。また、双方11gで通信中に電波状態が悪化すると、低速の11bへ切り換えて通信します。すなわち、通信相手の機器の対応規格と電波状態によって、利用する規格を自動的に変えて、快適かつ安定した通信を実現します。また、異なるメーカの無線LAN機器間の相互接続性を保証するために、Wi-Fi認定[*21]があります。なお、多くのスマートフォンには、Wi-Fi認定を受けた無線LAN接続機能が搭載されています。

---

*21:業界団体であるWi-Fi Allianceは、IEEE802.11b/g/a/n/ac/ax規格に対応する製品の相互接続性などを保証するために認証試験を行っています。Wi-Fi Allianceによって認定された無線LAN製品には、「Wi-Fi CERTIFIED(サーティファイド)」のロゴマークを製品パッケージ等に表示できるようになります。スマートフォン等に「Wi-Fi CERTIFIED」と表示されているのは、同認定を受けている無線LAN製品同士の接続が一般的になっているからです。

◎無線LANの利用形態

無線LANによるデータ通信には、以下の四つの利用形態があります（図3-7-1）。
1. 公衆無線LAN：駅やカフェなどに設置されているAPに登録ユーザが接続する。
2. オフィス無線LAN：社屋のフロアなどに設置されているAPに従業員が接続する。
3. ホーム無線LAN：家庭に設置されている無線LANルータに個人が接続する。
4. モバイルワイヤレスルータやテザリング機能を持つスマートフォンに接続する。

通信会社はAP（アクセスポイント）を増設し、公衆無線LANサービスを次々と開始しています。モバイルユーザが移動して無線LANの圏内にスマートフォンが入ると、データ通信をモバイル回線から無線LANへ自動切替えすることによって、ユーザの利便性を高めています。企業はオフィス無線LANを新設して、同様の利便性を従業員へ提供しています。また、多くの公衆無線LANサービスとオフィス無線LANには、認証や暗号化などによるセキュリティ対策が強化されており、ユーザの安心・安全性を高めています。

無線LANを活用することは、急増しているモバイル回線のデータ通信トラフィック（通信量）の一部を、モバイル回線から無線LAN経由で固定回線に負荷分散させる効果もあります。このように、通信の混雑を解消する等の目的のために、モバイル通信回線の負荷を固定回線に分散して軽減することを「オフロード」と呼びます（3-8参照）。

表3-7-1　無線LANの規格

無線LAN規格	周波数帯	最大データ速度	備考
IEEE802.11b	2.4GHz	11Mbps	
IEEE802.11g	2.4GHz	54Mbps	11bと互換性あり
IEEE802.11a	5GHz	54Mbps	
IEEE802.11n	2.4GHz 5GHz	600Mbps（4ストリーム）	11b、11gと互換性あり 11aと互換性あり
IEEE802.11ac（Wi-Fi 5）	5GHz	6.93Gbps（8ストリーム）	11a、11nと互換性あり
IEEE802.11ax（Wi-Fi 6）	2.4GHz 5GHz	9.6Gbps（8ストリーム）	11b、11g、11nと互換性あり 11a、11n、11acと互換性あり

図3-7-1　公衆無線LAN、オフィス無線LAN、ホーム無線LAN、テザリング

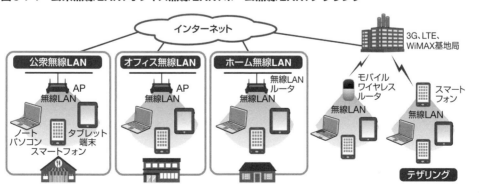

3-8

スマートフォンで急増するデータ通信
ネットワークの混雑を解消する対策を理解しよう

　昨今、スマートフォンの普及によって、データ通信量が急増しています。移動体通信会社のネットワーク設備にはトラフィック（通信量）の容量があるため、トラフィックがその容量近くまで増加すると、スマートフォンからの快適なサービス利用に支障をきたします。ここでは、通信トラフィックの増加と混雑を解消するための対策を説明します。

◎スマートフォンで急増しているデータ通信量

　スマートフォン等の普及によって、データ通信量が指数関数的に急増する傾向が見られるようになりました。音声通信を除く移動通信トラフィック、つまりモバイルネットワークにおけるデータ通信トラフィックは、今後ますます増えると予想されています。特に、スマートフォンによるデータ通信トラフィックは、総トラフィックの9割以上を占めるといわれるほどに急増しており、その主な要因として以下が考えられています。

- ・スマートフォンの利用者数の増加
- ・動画等の大容量コンテンツの増加（特にSNSやゲームのユーザ数増加）
- ・テレワークの普及に伴うオンライン会議の常態化も相まって、音声通話からビデオ通話（映像コミュニケーション）への移行
- ・スマートフォンのパケット通信料金の定額化などの料金プランの普及

◎ネットワークの混雑を解消する対策

　移動体通信会社のネットワークは、限りある資源である周波数を利用してデータを運ぶ通信路です。これは限りある道幅の車道を利用して貨物を運ぶ輸送路にたとえるとわかりやすいです。

　例えば、車道の交通量（トラフィック）が増えると、渋滞による遅延が発生して輸送サービスの品質が低下します。そのため、車道の幅を広げたり、一般道から高速道へ切り替えたりして、輸送量を増やす必要があります。同じように、移動体通信会社のネットワークではデータ通信量（トラフィック）が増えて混雑してくると、ダウンロードに時間がかかったり、動画像が乱れたりして通信サービスの品質が低下するため、次のような対策が必要となります。

　①［道幅を広げる］＝［割当て周波数帯域幅を増やす］

　②［車の速度を上げる］＝［高度な技術によって周波数あたりのデータ通信速度を上げる］

　③［貨物の一部を迂回路で運ぶ］＝［一部のトラフィックを固定通信網へ逃がす（オフロード）］

①と②は密接な関係にあり、限りある貴重な資源である周波数の多くは既に他のシステムで利用されています。このため、今後、より高速な次世代通信サービスを提供するには、さらに効率の良い新たな無線技術とともに、周波数割当ての再編が重要となります。ただし、それには時間がかかることもあり、現時点で混雑しているLTE等のデータ通信トラフィックの一部を無線LAN経由で固定通信網へ負荷分散させ、移動体通信網の負荷を軽減させるオフロードも併せて必要となります。

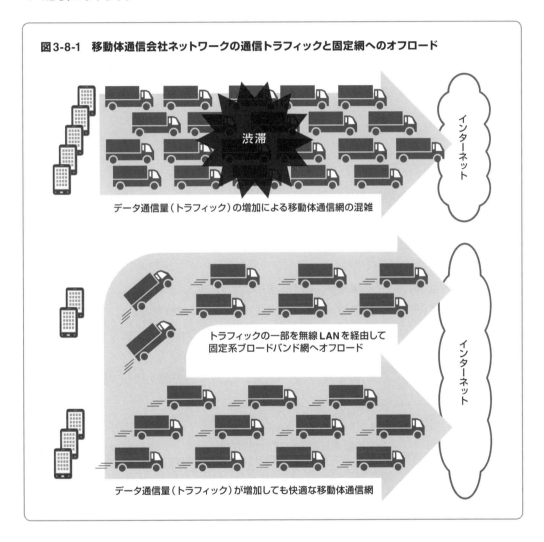

図3-8-1　移動体通信会社ネットワークの通信トラフィックと固定網へのオフロード

3-9

光回線サービス(FTTH)
固定系ブロードバンドサービスについて理解しよう

　通信業界全体で、FMC(Fixed Mobile Convergence)と呼ばれる固定通信と移動体通信の融合が進められています。これは、スマートフォンなどによって急増するデータ通信トラフィックの固定回線へのオフロードにも一役買っています(3-8参照)。

　スマートフォンやタブレットなどのモバイル端末の場合、宅内の無線LANルータや、基地局からの電波が届きにくい宅内に設置されるモバイル用小型基地局(フェムトセル)から「固定系ブロードバンド回線」を経由して通信することができます。この代表的なものに、光ファイバーケーブル(以下、光ファイバー)を用いた光回線サービスがあります。

◎光ファイバーによる通信の仕組み

　光ファイバーによる通信では、送信側端末からの電気信号を変換器により光の点滅による光信号に変換し、光ファイバーを通じて受信側に伝送します。受信側では、送られてきた光信号を変換器により元の電気信号に変換し、受信側端末へと伝送します(図3-9-1)。

　光ファイバーは、透明な細い繊維状のガラスまたはプラスチックを材料とし、透過率の高いコアとそれを覆う屈折率の異なるクラッドから形成されています。屈折率の相違により、両者の境界で光が全反射し、コアの中に閉じ込められた光が高速で進む構造となっています(図3-9-2)。なお、光源には、半導体レーザーやLEDが用いられています。

　従来のメタリックのケーブル(銅線)と比較して、光ファイバーには、次のような特長があります。
　①伝送帯域が広く、高速・大容量の信号伝送に適している
　②外部からの電磁的ノイズの影響を受けないため、高品質で安定した通信が可能
　③伝送損失が小さいため、長距離の伝送にも対応可能

◎光回線サービスの形態

　光回線サービスには、利用者の用途に応じた複数のサービス形態があります(図3-9-3)。通常、家庭向けサービス(FTTH)では、戸建て用と集合住宅(マンション等)用に分けられており、一般には集合住宅用の料金が安くなっています。一方、法人向けサービスでは、多様なニーズ

---

*22:**ONU (Optical Network Unit)**:光－電気変換器の機能を持ちます。ルータやホームゲートウェイの機能を兼ね備えた一体化型タイプのものもあります。

*23:「ひかり電話」はNTT東日本及びNTT西日本、「auひかり」はKDDI、「ホワイト光電話」はソフトバンクの商標または登録商標です。

の各法人に対応して、より大規模で柔軟なサービス形態も提供されています。

　光ファイバーの利用者側配線では、一般に、屋外から利用者の建物内に設置したONU[*22]（光回線終端装置）まで光ファイバーで接続し、ONUからはルータ（またはホームゲートウェイ）を介してPC等の利用者端末と接続します。ONUから利用者の端末までは、通常はLANケーブルで接続されますが、無線LAN対応ルータの場合は、タブレットなどとの無線接続も可能です。

　また、光回線サービスでは、インターネット接続のほか、光IP電話（「ひかり電話」、「auひかり 電話サービス」、「ホワイト光電話」など）[*23]や映像配信サービスなど、多様なサービスがオプションで提供されています。これらのサービスに対応したホームゲートウェイ等の機器も各事業者から提供されています。

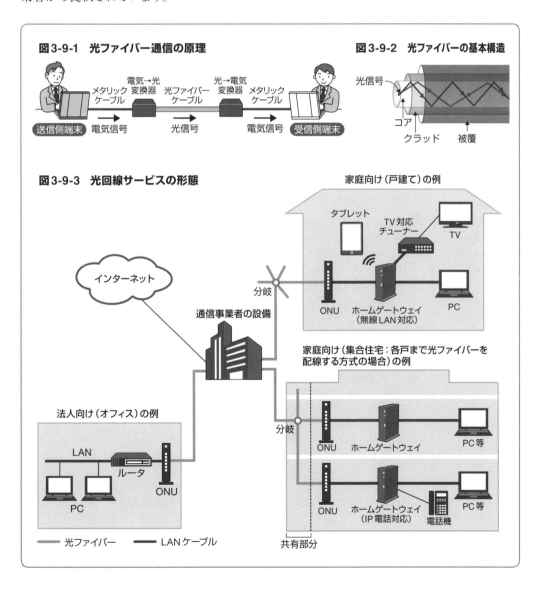

図3-9-1　光ファイバー通信の原理

図3-9-2　光ファイバーの基本構造

図3-9-3　光回線サービスの形態

第**4**章

インターネットの
基礎と接続

本章では、モバイルコンピューティングの理解に
不可欠な、インターネットの基礎知識を解説します。
その原理や接続に関する基本としてIPアドレス、
インターネットサービスプロバイダ、ISPのユー
ザアカウント、およびインターネットを利用した
Eメールで使用されるプロトコルについて理解し
ましょう。また、モバイル環境からインターネット
へアクセスする際の通信、ならびにクラウドコン
ピューティングについても理解しましょう。

4-1

インターネットの概要
その成り立ちと基本を押えよう

◎インターネットとは何か

　モバイル機器から世界中のホームページへアクセスできるのも、ネットワークがインターネット（Internet）に接続されているからです。インターネットは、世界中のネットワークを結んで作られた、国内、国外を問わず情報の交換ができる、世界規模のコンピュータネットワークです。そこでは、様々な企業や大学、そして団体や組織等のネットワークが相互に接続されています。また同じように、異なる通信方式を持つネットワークも相互に接続されています。例えば、LTEや5Gのような電波の通信方式で接続されているスマートフォンと、ケーブルの通信方式で接続されているPCも、インターネットで接続されています。インターネット上のホームページを見るときの情報配信システムを一般に「Web」と呼ぶのは、ネットワークが蜘蛛の巣のように張りめぐらされているからです（Webには「蜘蛛の巣」の意味があります）。Webで情報を提供するサイトをWebサイト、またはWebサーバと呼びます。

　インターネットの技術は、当初は軍事利用を目的としていましたが、その後学術研究用のネットワークに使われるようになりました。現在は技術の民間移転を果たし、インターネットとして商用利用もされるようになりました。コンピュータの高速化、低価格化、そしてモバイル端末での利用に伴い、インターネットは急速に普及しました。インターネットを用いることで、電子メール（Eメール）の交換や写真の送受信、ホームページの閲覧をはじめとして、Web上からの商品の購入や動画サイトの閲覧等、多種多様なサービスを利用することができます。図4-1-1にインターネットの構造の概略を示します。

◎インターネットの標準プロトコル

　英語と日本語のように異なる言語同士では会話ができません。これと同じように、コンピュータやネットワークにも、共通の言語、共通のルールが必要です。このようなルール（通信規約）をネットワークプロトコルと呼んでいます。

　インターネットではIP（Internet Protocol）と呼ばれるネットワークプロトコル（通信規約）を用います。端末がどのネットワークに接続されていようとも、またどのような種類の端末であろうとも、IPを使うインターネットではお互いに通信を行うことができます。またインターネットでは、パケットを正確に運ぶためのTCPというプロトコルをIPに組み合わせたTCP/IPが、多く用いられています。TCP/IPは、ホームページやEメール等のデータを伝達するために使われます。

4-1 インターネットの概要

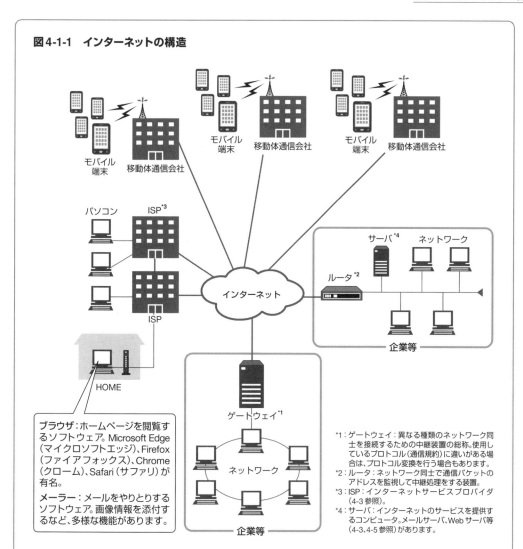

図4-1-1 インターネットの構造

4-2

IPアドレスとは
インターネットの通信の仕組みを知ろう

　4-1で解説したIPでは、ネットワークにつながるすべての端末や機器に、1台1台を識別する（特定する）ための番号を割り当てて、これを用いて通信を行います。この識別番号をIPアドレスといいます。

◎グローバルIPアドレスとプライベートIPアドレス

　IPアドレスは、インターネットに代表されるIPネットワーク上での、パソコンやサーバといった機器を識別するための番号です（図4-2-1）。IPアドレスを用いて相手の機器を探し出します。したがって、同一のIPアドレスを持った機器が複数存在してはいけません。さもないと、接続先を正常に特定できず、通信障害となるからです。これを防ぐには、IPネットワークに接続するすべての機器に、重複しないIPアドレスを割り当てる必要があります。ただし、世界中のIPネットワークに接続した機器すべてに、重複しないIPアドレスを割り当てるには、機器があまりにも多すぎてIPアドレスが足りません[*1]。

　そこでIPネットワークでは、インターネットに直接接続している機器にのみ、「グローバルIPアドレス」という重複しないアドレスを割り当てます。このアドレスは直接インターネットと通信することができます。一方、LAN(Local Area Network)向けには、そのLANに直接接続された機器を識別するためのローカルなIPアドレスの範囲が決められています。インターネット接続の際にはグローバルなIPアドレスに置換される仕組みがあるため、異なるLANであれば共通範囲のIPアドレスが無限に重複使用されても問題ありません。この自由に割当てのできるアドレスを「プライベートIPアドレス」といいます。他のLANあるいは外部のインターネットと通信したい場合は、グローバルIPアドレスが割り当てられた装置を介して通信します。

　わかりやすくたとえると、グローバルIPアドレスは会社の外線電話番号、プライベートIPアドレスが会社の内線番号のようなものになります。つまり、LANの内側では内線番号に相当するプライベートIPアドレスを、外部と通信する場合は外線番号に相当するグローバルIPアドレスを使用して通信を行います（図4-2-2）。

---

*1：本項目での記述はIPのバージョン4に基づいたものであり、IPアドレスの不足等のような多くの問題点はバージョン6(IPv6：アイピーブイロク)で解決されます。

*2：Dynamic Host Configuration Protocol(ダイナミック ホスト コンフィグレーション プロトコル)

◎ IPアドレスの自動割当て

IPネットワークでは、常時同じ機器が接続されているとは限りません。このためパソコン等の端末がインターネットやLANに接続した場合に、端末からの要求に応じてIPアドレスを自動的に割り当てるプロトコルも用意されています。これをDHCP[*2]といいます。

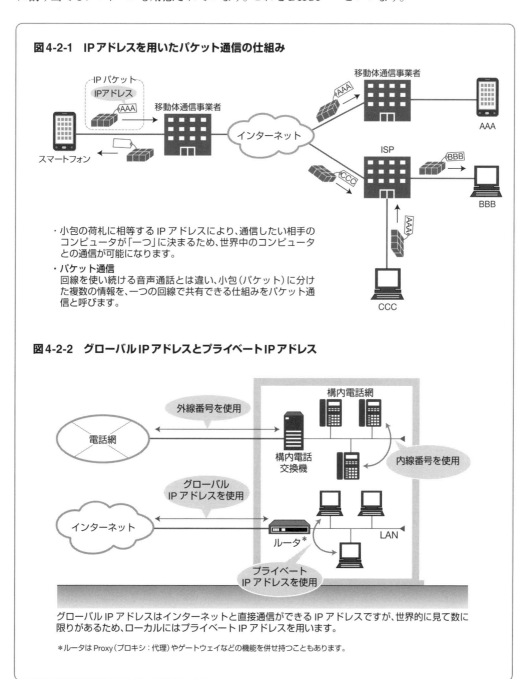

図4-2-1　IPアドレスを用いたパケット通信の仕組み

・小包の荷札に相等するIPアドレスにより、通信したい相手のコンピュータが「一つ」に決まるため、世界中のコンピュータとの通信が可能になります。
・パケット通信
回線を使い続ける音声通話とは違い、小包（パケット）に分けた複数の情報を、一つの回線で共有できる仕組みをパケット通信と呼びます。

図4-2-2　グローバルIPアドレスとプライベートIPアドレス

グローバルIPアドレスはインターネットと直接通信ができるIPアドレスですが、世界的に見て数に限りがあるため、ローカルにはプライベートIPアドレスを用います。

*ルータはProxy（プロキシ：代理）やゲートウェイなどの機能を併せ持つこともあります。

4-3

インターネットサービスプロバイダの役割
インターネット接続を理解しよう

◎インターネットサービスプロバイダ

　インターネットと、パソコンやモバイル機器との接続を仲介する事業者をインターネットサービスプロバイダ (ISP) [*3] といいます。ISPは、固定電話の回線や携帯電話、ケーブルテレビ等の各種通信回線を経由したインターネットへの接続サービスを提供しています（図4-3-1）。モバイル機器からの接続を含め、インターネットの接続は、ISPを仲介して行われます。

　なお、スマートフォンから利用する場合は、各移動体通信会社自身がISPサービスに相当する接続サービスを提供しているので、ユーザ自身でISPを指定する必要はありません [*4]。スマートフォンはスマートフォン用の接続サービスを、パソコンはパソコン用の接続サービスを用います。パソコン等の外部装置にスマートフォンやフィーチャーフォンを接続して通信する場合は、ISPを指定する必要があります。この場合も移動体通信会社が用意しているISPを指定することができます。

◎ISPを介したインターネットのサービス

　スマートフォンやパソコンからISPを経由してインターネットに接続すると、ユーザはインターネットで行われているサービスを利用することができます。ここでは代表的なものを紹介します（図4-3-2）。

・WWW(World Wide Web)

　HTML [*5] 等で記述されたハイパーテキストを利用した文書公開システムです。ハイパーテキストとは、他のホームページやサイトへの連係情報（リンク）を持つ文書構造であり、この構造を持った記述言語をHTMLといいます。ＷＷＷはハイパーテキストで記述されています。そしてHTMLによって書かれたホームページを表示するためのソフトウェアをブラウザ（またはWebブラウザ）といいます。WebサイトとWebブラウザの間は、TCP/IPの上で動くHTTPという、通信プロトコルを用いてやりとりを行います。

＊3 **：Internet Service Provider**：一般にはISPまたはプロバイダと呼称されます。

＊4 ：SIMロックフリー端末に、移動体通信事業者発行のSIMカードを利用した場合は、移動体通信事業者のISPに接続するためのAPN（Access Point Name)を端末に設定する必要があります。

＊5 ：Hyper Text Markup Language(ハイパーテキスト・マークアップ・ランゲージ)の略です。

4-3 インターネットサービスプロバイダの役割

・電子メール(Eメール)

　Eメールは、インターネットの代表的なサービスです。ISPではEメールの送受信のためのメールサーバを用意しており、ユーザはISPから個別に発行されたメールアカウント（メールアドレス）を使用して、メールサービスを利用することができます。

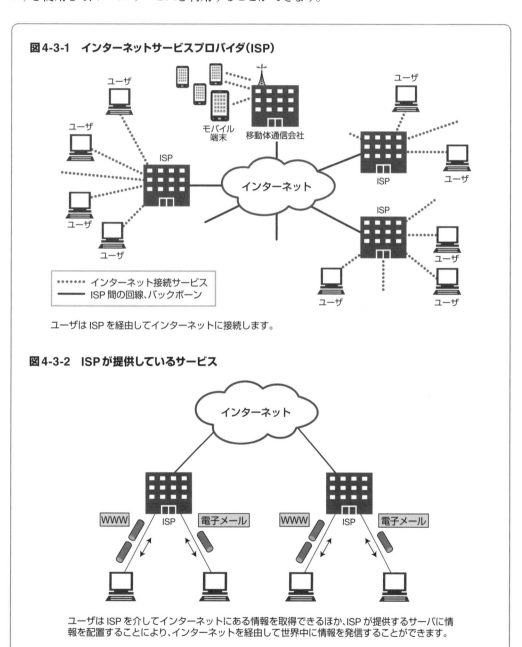

図4-3-1　インターネットサービスプロバイダ(ISP)

ユーザはISPを経由してインターネットに接続します。

図4-3-2　ISPが提供しているサービス

ユーザはISPを介してインターネットにある情報を取得できるほか、ISPが提供するサーバに情報を配置することにより、インターネットを経由して世界中に情報を発信することができます。

4-4

ISPのユーザアカウントの構成
ユーザが認証される仕組みを理解しよう

◎ユーザアカウント

　ISPはユーザにインターネット接続サービスを提供するために、個々の契約ユーザにユーザアカウントを発行し、ユーザ名による識別をした上で、パスワード等による認証を行います。これにより、契約している利用者本人に間違いないかを認証します。この認証の結果をもとにISPへの接続を許可する仕組みをとっています(図4-4-1)。

　ISP経由のインターネット接続を行う場合は、個々のパソコンなどの端末にこのアカウント情報を設定することで接続が可能になります。

　スマートフォンやフィーチャーフォン単体での接続の場合は、接続した端末がすでに固有の識別情報を持ち、基本的な接続設定が完了した状態になっているので、特にこのような設定を意識せずに利用できるようになっています。

◎ユーザアカウントの構成

　ISPが発行するユーザアカウントは、認証情報と、接続先となるサーバの情報で構成されているのが一般的です。一般的なユーザアカウント情報は以下のように構成されています。

　　　①ユーザ名(ログイン名)
　　　②パスワード
　　　③DNSサーバアドレス(設定が不要な場合もあります)
　　　④メールアドレス
　　　⑤送受信メールサーバのサーバ名またはアドレス
　　　⑥メールサーバアカウント
　　　⑦メールパスワード

　基本的にこれらの情報はISPが発行する会員証や書類等に記載されています。ただし、接続サービスのみを提供する事業者、メールサービスのみを提供する事業者もあります。

4-4 ISPのユーザアカウントの構成

図4-4-1　ISPのアカウント情報

◉ 最初に接続する時

認証が完了することにより、通信が可能となります。認証が正常に完了しないと、不正利用とみなされて通信を開始できません。

◉ ホームページを見る時

最初に接続する際に認証されていれば、以後ホームページを見る時はアカウント設定を意識せずに利用することができます。

◉ メールを送る時

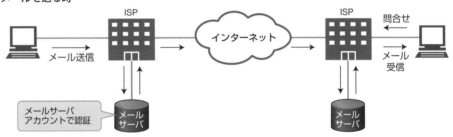

メールを送信する際はメールサーバのアカウントで認証し、相手のメールサーバへインターネット経由で送信できるようになります。

4-5

Eメールで使用されるプロトコル
Eメールが届く仕組みを理解しよう

◎Eメールの送受信

　Eメールの送受信には、送信と受信の処理を受け持つメールサーバを利用します。これらのサーバはISPが用意しています。特にスマートフォンやフィーチャーフォンからEメールを利用する場合は、各移動体通信会社が用意したサーバを使います。また、ISPや電話会社以外のサービス提供者が提供するメールサービスも利用できます。この場合はサービス提供者のメールサーバを利用します。

　ユーザが発信したEメールは、ISPの設置する送信メールサーバを経由してインターネットに送られます。このあと、宛先の受信メールサーバに届けられ、送信相手のメールボックスに送付・保管されます。

　受信時には、ユーザは端末から受信メールサーバにアクセスし、自分のメールボックスに保管されたメールを受け取ります(図4-5-1)。

◎Eメールで使用されるプロトコル

　Eメールサービスでは、主に以下のようなプロトコルが利用されています。

・SMTP(Simple Mail Transfer Protocol)

　インターネット上でEメール転送(送信)のために使われるプロトコルです。送信を行うサーバを送信メールサーバ、またはSMTPサーバと呼びます。誰でも利用できる送信メールサーバは迷惑メールの配信に利用される場合があり危険です。そのため、ユーザ認証等のセキュリティ対策を行い、認められた人のみが利用できるようにしています。

・POP3(Post Office Protocol ver.3)／IMAP4(Internet Message Access Protocol ver.4)

　POP3、IMAP4はメールボックスに保管されているEメールを受信者の端末まで転送するために用いるプロトコルです。この転送を行うのが受信メールサーバです。POP3はメールボックス内のメールをまとめて受信するのに対し、IMAP4はメールのヘッダのみを参照して必要なものだけを選択受信することができます。POP3とIMAP4のそれぞれの特徴を図4-5-2に示します。

4-5 Eメールで使用されるプロトコル

図4-5-1　Eメールの仕組み

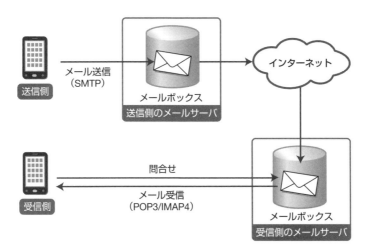

図4-5-2　POP3とIMAP4の特徴

〔POP3の特徴〕
・ほとんどすべてのEメールサービスで提供されています。
・一括受信が原則となるため、通信速度に制限のある環境では負荷がかかります。
・ほぼすべてのメーラーが標準で対応しています。

〔IMAP4の特徴〕
・採用するISPが増加しています。
・選択受信が可能で、モバイル環境に適します。
・サーバ・端末共に対応の可否を確認する必要があるので、注意が必要です。

4-6

パソコンを用いた通信の方法
データ通信を行う際の基本を覚えよう

◎モバイル環境における通信手段

　ノートパソコンの省電力化と小型化が進んだ現在、外出先等で通信できるモバイル環境として、移動体通信会社の回線や公衆無線LANを用いたもの等、多くの通信手段があります。

　ノートパソコンの多くには、無線LAN機能が内蔵されているので、サービス利用の手続きをすれば、無線LANサービスを比較的容易に利用することができます。無線LAN以外の通信回線を利用する場合、一部のモバイル機器やノートパソコンを除き、通信機能を持った端末をパソコンに接続する必要があります。主にノートパソコンとの接続を目的に開発された通信端末をデータ通信専用端末といい（図4-6-1）、パソコンと接続するためのインタフェースと移動体通信会社のネットワークに接続するための無線アンテナを内蔵しています。

◎データ通信専用端末の利用

　データ通信専用端末の利用にあたっては、パソコンに装備されているカードスロット[*6]やUSBポートに装着して接続する場合と、モバイルワイヤレスルータを用い、無線LANやBluetoothの無線で接続する場合があります。移動体通信会社のネットワークとはLTE、5G、モバイルWiMAX等で接続して、データを中継します。これらの端末は移動体通信会社等から提供されています。

　スマートフォンを上記のデータ通信専用端末と同じようにパソコンに接続して、データ通信を利用する「テザリング」という形態もあります。各端末とパソコンの間をUSB等のケーブルで接続する場合と、Bluetoothや無線LAN等の無線通信で接続する場合があります。

　データ通信専用端末やテザリングでスマートフォンを利用する場合に、パソコン側へデバイスドライバのインストールが必要となることがあります（図4-6-2）。パソコンとデータ通信専用端末の間を無線通信で接続する場合は、無線LANの通信設定を行う必要があります。

---

*6：カードスロットには、PCカードスロット、CFカードスロット、SDメモリカードスロット、Express（エクスプレス）カードスロット等数種類があります。

図4-6-1　データ通信専用端末の接続例

●PCカードスロットで接続

●USBポートで接続

●無線で接続

※この機器の場合は、パソコンとの間は無線LANで接続しています。

写真提供：ソフトバンク

図4-6-2　接続の形態

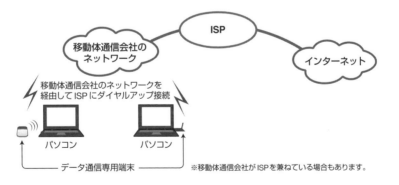

4-7

クラウドコンピューティング
ネットワーク主体の情報処理技術

　クラウドコンピューティングとは、インターネットの技術を用い接続された多数のコンピュータ（これをクラウドと呼びます）で提供されるサービスを、パソコンやモバイル機器から利用する形態をいいます（図4-7-1）。

　この場合、実際のデータやプログラムの多くはクラウド側にあり、ユーザ側の機器からブラウザなどを用いてデータの参照や処理の指示を行います。このため、ユーザ側機器の処理能力が低くても、大量の情報を処理できます。また、パソコンでしか実現できなかった高度な情報処理（音声認識など）をモバイル機器から行うことができます。

　ユーザデータがクラウド側にあるため、パソコンからもモバイル機器からも、同じユーザデータを参照します。このため、ユーザデータの閲覧においては、異なるデバイス間に高い親和性を持たせることができます（図4-7-2）。

◎クラウドサービスの提供形態

　クラウドの提供形態には、インターネット経由で誰でも利用できる「パブリッククラウド」と、特定の団体や社内で利用する「プライベートクラウド」の2種類があります。パブリッククラウドでは、Microsoft社やYahoo社、Google社等のような企業で提供しているWebメールサービスや検索サービス等を利用することができます（図4-7-2）。

　プライベートクラウドとしては在庫管理等、社内システムをクラウド上で実現する例があります。特に、自分の会社内にクラウドの設備を用意し運用することを「オンプレミス」と呼びます。

◎クラウドのメリット、デメリット

　クラウドコンピューティングでは、メールやアドレス帳等のデータは、端末の中ではなくクラウド上に保管されています。そのため、モバイル機器の本体が壊れてもデータは守られます。

　また、クラウド上のデータは、例えば写真共有のように、Web上の操作のみでインターネットに公開することもできます。サービスによって自由度の高い活用ができる一方、機密情報を扱う場合もあるため注意が必要となります。サービスの性質に応じたアクセス権の管理等に十分な配慮が必要です。

　一方、ネットワークに接続できない状況ではクラウドサービスを利用することができないため、導入にあたっては使用環境等の条件に注意が必要となります。

図 4-7-1　クラウドコンピューティングの概念

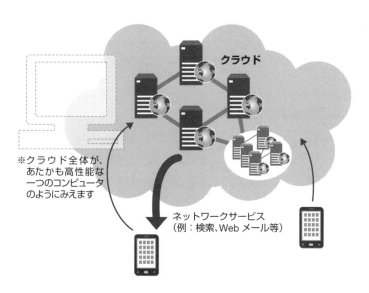

図 4-7-2　クラウドサービスの例（Gmail）

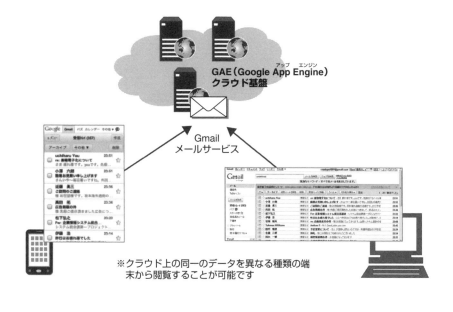

◎クラウドを利用したスマートフォンアプリ

　スマートフォンからクラウドサービスを利用する場合、ブラウザ上から利用することもできますが、より使いやすくするため、専用のアプリケーションを利用することもできます。どちらの場合でも、画面の背後では同じクラウドサービスが利用されています。

　図4-7-3に示すEvernote(エバーノート)は、クラウドに対応した高機能なメモ帳です。メモ（テキスト）、写真、ムービー、ちょっと気になったホームページなどのデジタル情報を、スマートフォンやパソコンに限らず、時と場所を選ばずにスクラップブックのようにクラウドへ保管することができます。また、画像の中に入っているテキストは、文字認識されるため、後から文字検索して情報を探しやすくなっています。例えば、レストランの料理と名刺を一緒に撮ったり、会議の板書を撮ってEvernoteに登録することで簡単にその記録を残すことができるので、ライフログ（自分の生活記録を残すこと）として利用できます。

　図4-7-4のGoogleドキュメントは、ワープロ文書等の編集をブラウザ上で行うことができるクラウドサービスの例です。Googleドキュメントのホームページを開き、ワープロ、ワークシート、プレゼンテーション等の作成を選択すると、編集作成と印刷が可能となります。また複数人が同じURL（インターネットサイトの番地）にあるワープロ資料へ接続して、同時に編集を行うことができます。このとき複数の人のカーソルが画面上でリアルタイムに表示されるため、共同で文書を作成することや、会議の参加者全員で議論を進めながら議事録を作成することも可能になります（右の写真は、タブレットを使い複数人で編集している様子です）。

図4-7-3　クラウドサービスの例（Evernote）　　図4-7-4　クラウドサービスの例（Googleドキュメント）

第 5 章

モバイル機器の構造

本章では、近年パソコンに近い機能を兼ね備える
ようになったモバイル機器の仕組みを解説します。
また、パソコンとの利用方法の違いについても理
解しましょう。

5-1

スマートフォンの構造
スマートフォンを構成している要素

　もともとは通話をするための携帯電話機は、メールやインターネット接続などの多様な機能を持つスマートフォンに変わり、今やパソコン並みの情報処理能力を持つ通信機器となりました。ここではその構成要素を解説します。

◎デバイス構成の概要

　スマートフォンの外見はパソコンと異なりますが、プロセッサ（CPU）、メモリ、ディスプレイ、入力キー（キーボード）、外部入出力インタフェース等、基本的なデバイス（部品）の構成はパソコンと同様です。さらに電話機としての機能を実現するためのスピーカーやマイク、無線通信デバイス等を備えています。

　また、ユーザが写真を撮るための小型カメラもほとんどのスマートフォンに搭載されており、複数のカメラを搭載している機種もあります。

　機種によっては、非接触ICカードやFeliCaチップ等を搭載して、外部の電子機器と通信できるものや、ワンセグ放送やFM放送の受信チューナ、セキュリティを確保するための生体認証デバイス、端末の位置や方向を感知する様々なセンサを内蔵しているものもあります（図5-1-1）。

◎スマートフォンの内部構造

　スマートフォンは持ち歩くのが前提ですから、小型軽量で、消費電力が小さくなければなりません。そのためスマートフォン用のデバイスには、端末内に多くの機能を収容できるよう、部品点数を少なくするといった工夫が必要です。さらにそれらのデバイスを高い密度で実装する技術が用いられています。

　スマートフォン用に設計された部品は、CPUをはじめとして、複数の機能を一つの半導体チップに集約することで、省スペース・省電力・省コストを実現しています。そして少ない部品点数で、無線通信制御と、ディスプレイやキーボード等のデバイス制御を行っています（図5-1-2）。

　音楽再生やワンセグ放送の視聴等ができる機種では、これらの処理を効率よく行うために、通話・通信以外の目的別に複数のチップを備えているものもあります。

◎堅牢化構造

　スマートフォンは電子部品を多数収容しているので、落下や衝突等による破損、電子回路や

5-1 スマートフォンの構造

コネクタ部分の水濡れによるショートや故障等が頻発しています。そこで近年、そうした事故にあっても壊れないよう、衝撃に強い構造や防水構造を持った機種が作られています。

図5-1-1 スマートフォンの基本構成要素例

図5-1-2 スマートフォンの内部の構造例

*1：ドコモUIMカード：SIMカードの一種
*2：FOMA/Xi：3G/LTE

資料提供：NTTドコモ
https://www.nttdocomo.co.jp/support/trouble/repair/repair_service/description/index.html

5-2

スマートフォンの特徴
携帯情報端末機能を進化させたモバイル端末

　パソコン並みの情報処理能力を持つ通信機器として、「スマートフォン」が登場し、その後、iPhoneに続いてAndroid端末が続々と登場し、多くのユーザがスマートフォンを使うようになりました。また「ガラホ」[*1]と呼ばれる進化型ケータイとは、使い勝手は従来型フィーチャーフォン（ガラパゴスケータイ）を継承しながら、機能はスマートフォンに近い携帯端末です。

◎スマートフォンの定義

　スマートフォンの「スマート」は賢いという意味で、「フォン」は電話機を意味します。スマートフォンは通話機能のほかに様々な機能を柔軟に利用できるようにしたモバイル端末です。MCPCではスマートフォンを、「仕様が公開された汎用的なOSを搭載し、利用者が自由にアプリケーションを追加して機能拡張やカスタマイズができる携帯電話」と定義しています。スマートフォンはアプリケーションの拡張性が高いことが特徴です。

◎スマートフォンの動向と特徴

　スマートフォンは、通話機能を持つ携帯電話に、スケジュール管理やアドレス帳、作業リストやメモ帳等の情報処理機能を付け加えられ「機能の融合」から生まれました。利用場面に応じて様々なアプリケーションを使うことができるという多機能性により、ユーザ数を増やしています。

　スマートフォンは、より大きな画面と、入力にタッチパネルを用いることが特徴です。

　わが国では多くの移動体通信会社がスマートフォンのラインナップを充実させ、また海外を含め多くの端末メーカが様々なモデルをリリースしています。図5-2-1にその一例を示します。

　いずれの機種も汎用OSを搭載し、利用目的やニーズに応じてユーザがアプリケーションを追加してカスタマイズできる仕様になっており、無線LANへ対応するなど、進化を続けることでその市場を拡大させています。

　スマートフォン上で動作するOSとしては、Android OS、iOS等が採用されています。これらのOSは、アイコンを用いてアプリケーションを表示したり起動できるようにするなど、パソコンと同様の使い勝手が得られるユーザインタフェースを備えています。これらのOSの特徴につ

---

*1：ガラパゴスケータイ（ガラケー）＋スマートフォン（スマホ）を語源とする造語。

いては、6-2を参照してください。

◎スマートフォンの要素と内部構造

　スマートフォンは、電話機の機能に加え、特有の機能を実現するための要素（デバイス）を内蔵しています。

　まず、様々なアプリケーションを効率よく実行する高速なプロセッサと、ユーザや端末の状態を検知する加速度センサ、方位センサ、GNSS（Global Navigation Satellite System：全地球測位航法衛星システム）などの各種センサを搭載しています。また、ユーザインタフェース機能を充実させるために、大きい画面ディスプレイを備えています。使用デバイスの増加に伴い消費電力も大きくなったことから、大容量で高密度な電池が使われていますが、スマートフォンの現在の課題として、電池消耗を抑える方策が求められています。

図5-2-1　各社スマートフォンの例

◉ Galaxy Z Fold4 SC-55C
サムスン電子製
写真提供：NTTドコモ

◉ TORQUE G06
kyocera製
写真提供：KDDI

◉ iPhone-15-Pro
Apple社製
写真提供：Apple Japan

5-3

タブレット端末の特徴
タッチパネルで入力操作できるパーソナルコンピュータ

◎タブレット端末の特徴

　タブレット端末は、ディスプレイと入力装置が一体になった平板状のパーソナルコンピュータです。操作にタッチパネルを使うこと、インターネット接続ができることが特徴です。

　タブレット端末の筐体[*2]は、薄い一枚板の形状をしており、片手で持ち運びできます。また、画面表示用のディスプレイが、入力操作用のタッチパネルを兼ねており、そこに表示されるアイコンや文字を指や専用のタッチペンで触れることにより、選択指示や文字入力といった各種操作を行うことができます。

　画面とキーボードが別々のノートパソコンの場合は、机や膝の上に設置しないと、画面が見づらかったり、入力操作が容易でなく、持ち歩きながら使用するのはかなり困難です。その点タブレット端末は、一方の手の平に載せた状態で支持し、もう一方の手で容易に操作することができます。立ち仕事や持ち歩きながらの作業にも適しており、その方面への活用シーンの広がりが期待されています。

◎入出力インタフェースの特徴

　タブレット端末の代表例として、Apple社のiPadが挙げられます（図5-3-1）。サイズはB5用紙程度で、画面に表示されるアイコン等に指で触れて、アプリケーションを起動したり移動することができます。無線LANによるインターネット接続のほか、移動体通信会社のSIMカードを挿入することで、モバイルネットワークへの接続が可能です。また、加速度センサや方位センサを内蔵しており、ディスプレイの上下や縦横の方向を検出し、それに応じて表示を縦長や横長に変化させることができます。

　タッチパネル方式という点では、スマートフォンと同様であり、アプリケーションもスマートフォンと同じものを実行でき、より大きな画面に表示できます。

　タブレット端末はノートパソコンと同等の機能を備えていますが、筐体はノートパソコンよりも薄いので、搭載可能なコネクタに制約があります。一般のパソコンによく使われている接続インタフェースがたいていは使用できず、サイズを縮小したコネクタや、無線媒体を用いる非接触のコネクタが使われています。例えば、外部メモリスロットに挿入されるメモリカードはmicroSD

---

*2：機器部分を収納する箱、ケースのことです。

カード、汎用インタフェースのUSB端子はmicroUSBというように小型化されており、機種によっては、独自仕様の形状や大きさをしたコネクタを使用しています。また、パソコンで使用されているキーボードと同等のキーボードを接続するために、Bluetooth等の無線通信を用いる機種もあります。

図5-3-1　タブレット端末の例

○ iPad mini
Apple 社製
写真提供：Apple Japan

○ ASUS Chromebook Tablet CT100PA
ASUS製
写真提供：ASUS JAPAN

○ Surface Pro 9
Microsoft 社製
写真提供：日本マイクロソフト

○ ThinkPad X1 Fold
Lenovo 社製
写真提供：ソフトバンク

5-4

その他のモバイル端末
モバイル通信機能を持つ情報機器

　移動しながら通話やインターネット接続ができるスマートフォン、あるいはノートパソコン等に通信機能を付加するデータ通信専用端末等のほかにもモバイル機器はあります。ここでは、その中のいくつかを見てみましょう。

◎デジタルフォトフレーム

　最近注目されているモバイル端末のひとつに、移動体通信会社のネットワークに接続可能なデジタルフォトフレームがあります。フォトフレームは「写真立て」という意味で、デジタル写真のファイルを保存するメモリカードと、スマートフォンよりも大きなディスプレイを備えています。メモリカードに蓄積された写真を、スライドショーという表示モード等で連続して表示することができます。撮影した写真をメールで受信できる製品もあります[*3]。

◎携帯音楽プレイヤー

　携帯音楽プレイヤーは、画像や楽曲の表示・再生を目的としています。それらのコンテンツを加工する等の複雑な情報処理は、あまり必要とされない端末です。画像や楽曲を前もって端末内に蓄積し、ユーザは端末を携帯した状態でそれを表示したり再生します。インターネットからパソコンへダウンロードしたコンテンツをUSBケーブル等で取り込むほか、最近では、無線LAN経由でインターネットから直接コンテンツをダウンロードできる機種もあります。

◎ナビゲーション端末

　ナビゲーション端末は、地図情報と位置情報等を組み合わせて、歩行者や車両運転手を道案内する専用端末です。走行中の自動車の位置や目的地までの経路を案内するものはカーナビゲーター、略してカーナビと呼ばれています（図5-4-1(1)）。端末の位置を認識するためにGNSSを用い、車の走行状況を認識するために、加速度センサやジャイロ、車両自身が検知した速度情報を用います。通信機能を用いることできめ細かい渋滞情報を入手したり、最新の地点情報や地図データに更新することができます。当初は車体に固定的に搭載されていましたが、容易に着脱可能な携帯型ナビゲーション端末も登場しています。

---

*3：画像ファイルを本体に格納する方法として、メモリカードを経て行う方法もあります。

◎電子書籍端末

　電子書籍端末は、オンライン書店などで購入しダウンロードした電子書籍コンテンツを、端末内に保存できる専用端末です。スマートフォンのように、通話やWebサイトの閲覧を目的とせず、文字の読みやすさや持ちやすさなど、読書に特化した機能を重視しています（図5-4-1(2)）。

◎センサ端末・ウェアラブル端末

　センサ端末は、離れた場所の情報を遠隔で収集し、センタの装置に転送します。通信接続機能を内蔵し、常時接続状態で継続的に情報の転送を行います。これは運用中に人の操作をほとんど必要とせず、端末とセンタ装置が直接通信処理を行うM2M（マシン・ツー・マシン）通信形態を成すことが特徴です。例としては自動販売機の在庫状況の監視や、大気汚染の状態を監視するケースがあります。

　ウェアラブル端末は、腕や頭部など、身体に装着して利用することを想定した情報端末のことで、腕時計型、眼鏡型、ペンダント型など様々なタイプのものがあります（図5-4-1(3)）。利用方法の例としては、道案内、リアルタイムな周辺情報の提供、ユーザの行動や健康管理などの記録、装着者の居場所を監視するシステムに利用します。

図5-4-1　その他のモバイル端末

(1)ナビゲーション端末
○ Carozzeria エアーナビ
AVIC-CQ912III-DC
写真提供：パイオニア

(2)電子書籍端末
○ KindlePaperwhite
写真提供：Amazon

(3)センサ端末・ウェアラブル端末
○ Apple Watch SERIES 9
写真提供：Apple Japan

5-5

スマートスピーカー
音声認識 AI を搭載した小型のスピーカー

　スピーカーに話しかけると、音楽の再生やニュース・天気予報、買い物などインターネットを介したサービスを「音声」で操作できるデジタル機器です。また、アラームやタイマー、カレンダーやリマインダーを音声で登録することによって、スマートスピーカーでスケジュール管理もできます。本体の操作やコンテンツの再生だけでなく、家電製品のコントロールをすることも可能です。

　現在、発売・発表されている主なスマートスピーカーは、Google の「Google Nest シリーズ」、Amazon の「Amazon Echo シリーズ」などです。

◎Google Nest シリーズの特徴

　Google Nest シリーズは、ラインナップとして Google Nest Hub とコンパクトな Nest Mini があります。音楽の再生は Google Play Music と Spotify に対応しています。動画や音楽の再生が可能で、Chromecast や Android TV 搭載テレビと連携することで、テレビの電源オンオフや YouTube の再生ができます。また、Chromecast を使い外部スピーカーから音を鳴らすことができます。アプリにより機能を追加できるのが特徴です。搭載している音声アシスタントは「Google アシスタント」です。

◎Amazon Echo シリーズの特徴

　Amazon Echo シリーズには、Alexa を最も手軽に楽しめる Echo Dot、プラグイン式の Echo Flex、良質なサウンドを実現する Echo、スマートスクリーン付きの Echo Show シリーズ、没入感ある上質な 3D オーディオを再現する Echo Studio など、用途や価格にあわせて多種多様なラインナップがあります。Amazon Music、Apple Music、Spotify、d ヒッツおよびうたパスからの音楽配信サービスに対応しており、楽曲をストリーミング再生することができます。Bluetooth で外部スピーカーから音楽を鳴らすことができます。ルンバや IoT マルチリモコンと連携することで、対応する家電を音声で操作できます。"Alexa スキル"で機能を追加できるのが特徴です。Echo シリーズのデバイスからアマゾンで商品を注文することができるなどネットショッピングで実用的に利用されています。音声アシスタントは「Alexa(アレクサ)」です。

5-5 スマートスピーカー

図 5-5-1　主なスマートスピーカー

● **Google Nest Mini**
　（**Google**アシスタント搭載）
写真提供：Google
Google Nest Mini は、Google LLC の商標です。

● **Amazon Echo Show 5**
　（音声アシスタント：**Alexa**）
写真提供：Amazon

5-6

ディスプレイの進化
高解像度化するモバイル端末の表示機能

　携帯音楽プレイヤー、スマートフォン、タブレット端末等、モバイル端末のディスプレイには様々なサイズがあり、高水準の技術が使われています。

◎ディスプレイの解像度とサイズ

　ディスプレイは、縦横に並ぶ光の点によって文字や映像を表示します。この光は赤・緑・青の三原色で構成され、個々の点の明るさを変えつつ組み合わせることで、多彩な色彩を再現します。この1組の三原色の点を「ピクセル（画素）」と呼びます。その画素がディスプレイ上の縦横にいくつあるかを示すのが解像度であり、その値が大きいほど、画像を細かく表示することができ、より小さい文字を表現することができます（図5-6-1）。

　スマートフォンのディスプレイはWVGA（480×800）、HD（720×1280）、FHD（1080×1920ピクセル）という規格のものが用いられています。最近では4K（2160×3840）ディスプレイを搭載するモデルも出てきました。

　タブレット端末の画面はノートパソコンのそれに匹敵する大きさで、XGA [*4]（768×1024）、WUXGA（1200×1920）、QXGA [*5]（1536×2048）、WQXGA（1600×2560ピクセル）相当の解像度を持つディスプレイが用いられています。

　モバイル端末のディスプレイは、パソコンやテレビ等よりもサイズが小さいので、同数のピクセルを画面に納めるために、画素の密度が高くなっています（図5-6-2）。

◎ディスプレイの種類

　スマートフォンのディスプレイには省電力化と軽量化が不可欠なので、当初から液晶ディスプレイ（LCD）が採用されていました。最近では、赤・緑・青の各色に光る有機物が、電圧に応じて発光する有機EL [*6] ディスプレイも採用されています。有機ELディスプレイは、有機化合物の自己発光を利用するのでバックライトが不要であり、ディスプレイを薄くすることができます。また、液晶ディスプレイで生じる残像現象等が出にくいため、動きの速い動画映像等の表示に適しています。

---

*4：eXtended Graphics Array
*5：Quad-XGA
*6：Electro Luminescence

5-6　ディスプレイの進化

図5-6-1　解像度の進化

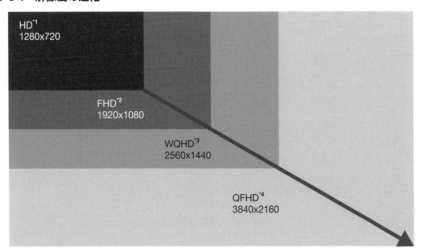

*1：High Definition
*2：Full High Definition
*3：Wide Quad High Definition
*4：Quad Full High Definition

図5-6-2　解像度の向上による表現力の向上

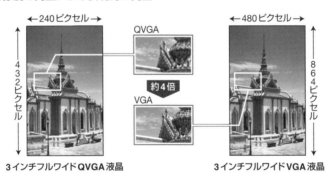

5-7

スマートフォンのユーザインタフェース
タッチパネルとソフトキーボード

◎**タッチパネル**

　タッチパネルは画面にキーや操作ボタン、アイコン等を表示し、指や専用のペンで触れて操作するユーザインタフェースを実現します（図5-7-1左図）。このタッチパネル方式は、アプリケーションや目的に応じて表示内容を変えることができるため、ディスプレイを様々な用途に柔軟に使い分けることができます。また表示画面と入力部分が同じであるため、入力指示した内容を直観的に確認できるという特徴があります。

　タッチパネルでアプリケーションを起動するために、アイコンという入力部品が使われます。アイコンはアプリケーションを特定するための図案化された記号であり、ひとつひとつが異なるアプリケーションを表しています。

　タッチパネルには、タップ、スクロール、フリック、ピンチイン／ピンチアウトといった操作方法があります。タップは画面に表示されたアイコン（アイコンモード）を指で押す（叩く）ようにして対象を選択し、アプリケーションを起動するときなどに用います。スクロールは表示されているコンテンツやスクロールバー、あるいはアイコンに触れた状態で指を上下左右に滑らす動作であり、対象を動かしたり表示範囲を移動するときなどに用います。フリックはアイコンに触れたまま目的の方向に振り払う動作であり、対象を選択したり素早く動かすときなどに用います。またピンチイン／ピンチアウトは、2本の指を画面につけたまま、その間隔を狭めたり広げたりする動作であり、表示されている地図を縮小したり拡大したりするために用います。最近では、ディスプレイに加えた圧力の大きさを感知するモデルも出てきました。

◎**ソフトキーボード**

　文字入力専用のキーボードを持たないタッチパネル方式の端末では、文字や数字を入力するときに、パネルの画面上にキーを表示させて、キーボードの代わりに使用します。これを実現しているのが、ソフトキーボードと呼ばれる仕組みです。

　使い方は、携帯電話機の電話番号入力に用いる通話操作キーと同じ配列の画面をタッチパネルに表示し、それを指先で指定することで文字入力を行います（図5-7-1右図）。パソコンで

---

*7：タイプライタやパソコン等のキーボードの多くが採用している英文字のキー配列です。

*8：タッチスクリーン向け入力方式については、6-5を参照してください。

*9：音声による入力方式については、6-5を参照してください。

使用されているQWERTY配列[*7]のソフトキーボードを表示して文字入力を行うこともできます。タッチスクリーン向け日本語入力方式[*8]には、フルキー入力の他に、フリック入力、トグル入力、スワイプ入力などが使われます。スマートフォンの縦長の画面にそのまま表示しているものと、横長にして表示する使用法があります。

◎誤操作の防止

タッチパネルを備えた端末は通常、使用していないときも画面をむき出しにした状態で携帯されます。ユーザが意図していなくても、指や指に似たものがタッチパネルに触れると、入力操作が行われたと認識されてしまいます。そうした誤操作を防止するため、一定時間経過しても操作がないとき等に、タッチパネルを自動的にロック状態にすることで、画面に何かが触れても入力を受け付けないようにしています。ロック状態から復帰させるときは、画面の特定部分をスワイプするなど、あらかじめ決められた操作を行います。

◎音声入力

スマートフォンへの入力として音声による入力方法[*9]も利用できます。音声認識の精度はここ数年で飛躍的に向上しており、慣れれば手打ちするより正確で素早く入力することが可能になります。iPhoneやAndroidの音声入力を有効にし、マイクボタンをタップして、伝えたい内容をスマートフォンに話しかけることで文字入力されますが、音声入力中、周囲の音も声として認識してしまうので注意が必要です。

図5-7-1　スマートフォンのタッチパネル

アイコンモード　　　ソフトキーボード

●iPhone
写真提供：Apple Japan

図5-7-2　フルキーボード（QWERTYキーボード）を備えたスマートフォン

●BlackBerry Passport
写真提供：BlackBerry

5-8

デジタルカメラ機能
スマートフォン等で使用されているカメラの特徴

　カメラ機能は既にほとんどのスマートフォンまたタブレット端末にも搭載されており、画像によるコミュニケーションと情報の読み取りという新しい使い方を可能としています。

◎画素数と撮像素子

　スマートフォン等で使用されているカメラ機能は、コンパクトデジタルカメラと同じく、光学レンズで捉えた被写体の像を、撮像素子で画像として取り込んで電気信号に変換し、それをデジタルデータ(ファイル)に変換する仕組みになっています(図5-8-1)。

　デジタルカメラの性能は、画素数で表されますが、これはレンズで捉えた像を、どのくらいのピクセル数の画像ファイルにできるかを示す指標です(図5-8-2)。この画素数は、半導体部品である撮像素子の性能で決まります。2024年3月現在、2億ピクセルを超えるクラスのカメラ機能を備えたものもあります。

　撮像素子にはイメージセンサが用いられ、一般にモバイル端末では、消費電力の少ないCMOSイメージセンサが用いられています。

　ハイエンドのスマートフォンはカメラの進化が加速しマルチレンズ化の動きがあります。標準レンズに加え、広角レンズ、望遠レンズといった、それぞれ焦点距離の異なるレンズを複数備え、シーンや被写体に合わせてレンズを切り替えることで、プロ並みの写真が撮れるようになりました。また、ぼかしのある動画の撮影を容易にするToFカメラ[*10]と呼ばれる深度計測可能なカメラを搭載している機種もあります。

◎カメラ機能の応用

　カメラ機能は、テレビ電話や静止画撮影のほか動画撮影にも利用され、動画をメールに添付して送受信することも可能になりました。

　またカメラ機能は、QRコード等の2次元コード(図5-8-3)や、文字などの情報の読み取り(スキャン)にも使われています。撮影された文字はOCR[*11]機能によって認識されます。例えば、カメラで撮影した名刺画像の内容を文字情報に変換し、アドレス帳に登録することができます。その他、カメラ機能とOCR機能を組み合わせた翻訳アプリケーションや、スマートフォンのカメラでレシー

---

*10：Time of Flight Camera

*11：Optical Character Reader

トを撮影し、記載されている品名や金額をクラウドOCR機能で読み取り、支出項目や金額を管理する家計簿アプリケーションなどへの応用もあります。スマートフォンのカメラ機能や決済端末でQRコードを読み取ることで支払いができるQRコード決済も広く活用されるようになりました。

◎カメラ機能の課題と対策

　カメラが付いた端末が一般的になった昨今、盗撮や、書店で購入していない雑誌誌面等を撮影する「デジタル万引き」等のトラブルも起こっています。そうした行為を抑止するため、撮影時に人為的に擬似シャッター音を発生させている端末があります。また、機密漏えいを防ぐために、カメラが内蔵された端末の持ち込みを制限している企業もあります。

　コンパクトデジタルカメラと遜色ないほど高性能になったカメラ機能ですが、手軽に使える半面、使う側のモラルやマナーの向上が求められています。

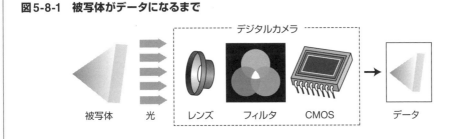

図5-8-1　被写体がデータになるまで

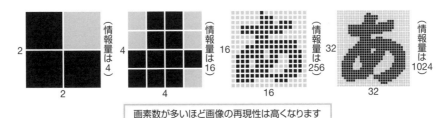

図5-8-2　画素数と容量の関係

画素数が多いほど画像の再現性は高くなります

図5-8-3　2次元コードの例

5-9

外部メモリカード
画像・音楽等のデータを保存する外部記憶メディア

　スマートフォンの多機能化に伴い、端末で扱うデータの種類も大きさも飛躍的に増大しています。そうしたデータを保存するため、現在販売されているスマートフォンのほとんどの機種は、メモリカードを装着するためのカードスロットを搭載しています。

◎記憶容量を表す単位

　デジタルデータの大きさはバイト(Byte)という単位で表されます。文字データに換算すると、半角1文字で1バイト、全角1文字で2バイトがデータ量の目安となります。メモリカードの記憶容量は通常、デジタルデータを何バイト分記憶できるかで表されます。また、一般に数値の単位には、3桁ごとにk(キロ)、M(メガ)、G(ギガ)という補助単位が用いられます(図5-9-1)。

◎メモリカードの種類
・SDカード(SD／microSD)

　SDアソシエーションが中心となって開発した着脱可能な小型メモリカードです。端末の小型化にあわせてSDカードも小型化していますが、それぞれ変換アダプタを使用することで、上位サイズのカードとして利用できるようになっています。容量は8MB～2GBで、外部メモリカードとして広く利用されています(図5-9-2)。

・SDHCカード(SDHC／microSDHC)

　SDカードの上位規格で、2GBを超える容量を実現しています。4GB～32GBまでをサポートしており、スマートフォンで利用されるmicroSDHCで32GBのものが製品化されています。ただし、microカードを利用するには、端末側のカードスロットもSDHC規格に対応していなければならないので注意が必要です(図5-9-2)。

・SDXCカード(SDXC／microSDXC)

　SDカードの上位規格で、32GBを超える容量を実現しています。2024年3月現在、SDXC、microSDXCでは2TBのものが製品化されています。このmicroカードもSDHCと同じく、端末側のカードスロットがSDXC規格に対応していないと使えないので、注意が必要です(図5-9-2)。

5-9 外部メモリカード

図5-9-1　データを表す単位

一般的な単位系

1k（キロ）＝1,000 ………… kHz、kg、km 等
1M（メガ）＝1,000k ……… MHz、Mbps 等
1G（ギガ）＝1,000M ……… GHz、Gbps 等
1T（テラ）＝1,000G ……… THz 等

一般的な単位は1,000倍ごとに切り替わります（3桁区切りのカンマの位置が単位の切替えポイント）。

データ量を表す単位系（ビット／バイト）

1B　（バイト）　　＝8bit（ビット）
1KB（キロバイト）＝1,024B
1MB（メガバイト）＝1,024KB
1GB（ギガバイト）＝1,024MB
1TB（テラバイト）＝1,024GB

データ量は、ビット／バイトで表され、1バイトは8ビット、バイトの単位系は1,024倍ごとに上位の単位に切り替わります。

図5-9-2　メモリカードの種類

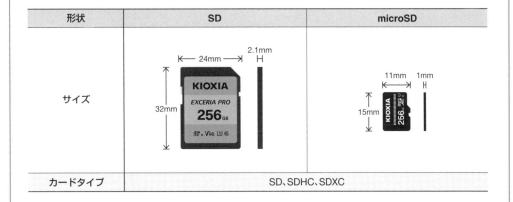

第5章　モバイル機器の構造

5-10

SIMカード
回線契約情報等を持つICカード

　第3世代以降の携帯電話では、電話番号等の加入者情報を、切手の半分程度の大きさのICカードに登録して使用します。これらはUIM [*12] またはUSIM [*13] と呼ばれ、一般的に「SIMカード」と総称されています [*14]。また、SIMカードよりも小さいmicroSIM、さらに小さいnanoSIMという規格もあります。

◎世界標準規格のICカード

　SIMカードは移動体通信会社が発行し、電話番号等の加入者情報が中に書き込まれています。このカードを各種モバイル機器に挿入してはじめて、ユーザは通信ができるようになります。なお加入者情報のほかに、アドレス帳など、ユーザが自由に使えるメモリエリアが用意されているSIMカードもあります。そうした情報の主なものを図5-10-1にまとめます。

　わが国の移動体通信会社はSIMカードを、それぞれ以下の名称で呼んでいます。
・NTTドコモ‥‥‥‥‥‥ドコモUIMカード　　・KDDI‥‥‥‥‥‥au ICカード
・ソフトバンク‥‥‥‥‥USIMカード

　同じ移動体通信会社でも、モバイル機器の機種や契約内容の違いから、ユーザの使用できる機能やサイズの異なるSIMカードが発行されることがあります(図5-10-2)。ユーザのSIMカードに対応した機種であり、かつ、契約上そのユーザが利用できる機種同士であれば、SIMカードを差し替えて、そのまま使うことができます。それ以外の場合には、SIMカードを差し替えて使うことはできないので、注意が必要です。

　なおKDDIの場合、あらかじめ端末に登録されたSIMカードのみを動作させる仕組みになっているので、同じKDDIの他の端末にSIMカードを差し替えても、そのまま使うことはできません。auショップ等に端末を持ち込み、新たにSIMカードを登録するための手続きが必要です。

---

*12：User Identity Module（ユーザ アイデンティティ モジュール）

*13：Universal Subscriber Identity Module（ユニバーサル サブスクライバ アイデンティティ モジュール）

*14：欧州を中心に世界で多く使用されている第2世代携帯電話の方式をGSM方式といい、SIMカードという名称は本来この方式用のICカードを指します。ただし第3世代用のUIM/USIMはGSM用のSIMカードと互換性を持つものが多いため、現在も総称として使われています。

◎SIMロック

　1台1台のモバイル端末に対し、販売元の移動体通信会社が発行したSIMカードを差し込んだ場合のみ動作するよう端末に設定を施すことを「SIMロック」といいます。一方、そうした処置を施さないことを「SIMロックフリー」といいます。SIMロックについては、9-7で詳しく解説しています。

◎デュアルSIMとeSIM

　1台の端末に2枚のSIMカードを挿入して、通信の使い分けができるデュアルSIM対応のスマートフォンがあります。SIMカードはスマートフォンのスロットに差し込んで使用しますが、デュアルSIM対応のスマートフォンはSIMカードを2枚挿入します。あるいは1枚のSIMカードとeSIM「Embedded SIM（eSIM）」と呼ばれる端末内部に組み込まれているSIMカードで2つの通信サービスを利用できます。eSIMは遠隔から内容の書き換え／切り替えが可能で、SIMカードを物理的に入れ替えることなく、利用する通信事業者を変更することが可能になります。

図5-10-1　SIMカードに記録される主な情報

- **ユーザや移動体通信会社の情報**
  加入者識別番号や事業者情報
  ユーザの電話番号
  アドレス帳
  SMSに関するユーザ情報、SMSデータ
  移動体通信会社のネットワークに関する情報　等

- **その他の情報**
  その他事業者独自の拡張機能（例えば、コンテンツの著作権管理情報やモバイルウォレット等）

図5-10-2　様々なサイズのSIMカード

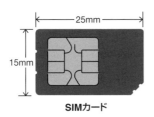
SIMカード

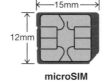
microSIM

nanoSIM

5-11

外部接続インタフェース(有線)
電源、アンテナ、データ用入出力コネクタ

機器と他の機器とをつなぐための機構を「外部接続インタフェース」といいます。ここでは、スマートフォンの外部接続インタフェースのうち、専用ケーブル等をつなぐコネクタについて解説します。なお、5-12で解説するBluetoothや赤外線通信機能も、外部接続インタフェースの一種です。

◎専用ケーブルによる接続

パソコンとの接続では、通常サイズのUSBケーブルが有効です。しかしスマートフォンでは限られた小さな筐体の中にUSBコネクタを格納しなければならないので、サイズの小さなmicroUSB規格のコネクタやApple社のLightningコネクタが多く採用されています(図5-11-1)。

なお、MCPCでは、スマートフォンなどのモバイル機器の充電中に充電端子が焼損した事例が発生していることを受け、ユーザの安全・安心を守るための活動に取り組んでいます(図5-11-2および3)。

◎パソコンと連携できるケーブル接続

現在市販されているほとんどのパソコンは、外部接続のためにUSBコネクタを搭載しており、スマートフォンの接続にもこれを利用することができます。

スマートフォンとパソコンをUSBで接続すると、データのやりとりができます。スマートフォンの中に保存されているアドレス帳や写真画像等のデータをパソコンに移動したり、逆にパソコン側で編集したデータをスマートフォンに転送することもできます。機種によっては、パソコンとスマートフォンの間で、スケジュール情報等を一致させる仕組みも用意されています。

また、パソコンをインターネットへ接続するような場合、USBコネクタでスマートフォンをパソコンにつなぎ、スマートフォンから通信事業者のネットワークに接続することもできます。これを「USBテザリング」と呼びます。

他にも、スマートフォンが受信しているモバイルネットワークのインターネット接続をLANケーブル／USBイーサネット経由で他の機器と共有する機能を「イーサネットテザリング」と呼びます。

図5-11-1 スマートフォンの外部接続用コネクタ

・USB Type-Cコネクタ
・Micro USBコネクタ

・Lightningコネクタ

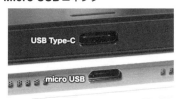

スマートフォン側のUSB端子

iOS端末側のLightning端子

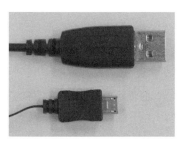

USBケーブルのコネクタ部
（上がパソコン側、
下がスマートフォン側（microUSB））

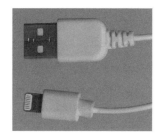

USB－Lightningケーブルのコネクタ部
（上がUSB端子、下がLightning端子）

図5-11-2 安全充電啓発ロゴ・キャッチフレーズ

図5-11-3 モバイル充電安全認証・MCPCマーク

5-12
外部接続インタフェース（無線）
ケーブルが不要な接続

　スマートフォンと外部の機器を接続する際には、無線LAN、Bluetooth、NFC/FeliCaや赤外線通信といった無線インタフェースを用いる場合があります。

◎無線LAN

　無線LANでは、有線のLANケーブルの代わりに、IEEE802/11ax/ac/n/g規格等の無線通信規格を用います。パソコンやスマートフォンから、アクセスポイントという無線基地局装置に電波で接続して、データを送受信します。これにより、例えば公衆無線LANや私設無線LANのローカルエリア内で端末同士が通信したり、無線LAN経由で外部のインターネットに接続することもできます。

　また、4-6で述べたモバイルワイヤレスルータ型のデータ通信専用端末と、パソコンやタブレット型端末とを無線LAN接続して移動体通信会社のネットワーク経由でインターネットに接続することもでき、このような使用法を「テザリング」と呼びます。

　無線LANでは、ISMバンドと呼ばれる2.4GHz帯を利用する規格と、5GHz帯の周波数を利用する規格および両方の帯域を利用する規格が存在します。無線LANはWi-Fiと呼ばれることがありますが、Wi-Fiとは互換性検証団体「Wi-Fi Alliance」で実施される互換性検証試験に合格した無線LAN機器に表示が許されるロゴで、厳密には無線通信規格のことではありません。

◎Bluetooth

　Bluetoothは、スマートフォンやパソコン本体と他の周辺機器との間を、ワイヤレスでつなぐために策定された近距離無線通信規格であり、低消費電力と互換性を特に重視して仕様が定められました。Bluetoothに対応している機器には、相互接続を保証するBluetoothロゴ認証プログラムにパスして登録後に販売されます（図5-12-1）。

　Bluetoothでは2.4GHz帯の周波数の電波が使われます。技術面では、同じ周波数帯を利用する別の機器や干渉電波の影響を受けにくく、かつ、接続が途切れにくい通信が可能なFHSS

---

*15：**Frequency Hopping Spread Spectrum**：データを搬送する電波の周波数を短い時間で次々と変えて行く方式です。周波数ホッピング方式ともいいます。

方式[*15]という通信方式が用いられています。

　Bluetooth対応のスマートフォンは、車載カーナビゲーション機器とハンズフリーや音楽伝送で使われるとともに、市販のステレオヘッドセット(ワイヤレスイヤホンマイク)やハンズフリーキット等とも接続して利用されています。また、スマートフォンをBluetoothでパソコンに接続し、モデムとして利用することもできます(Bluetoothを用いたテザリング)。このほかBluetoothは、ワイヤレスキーボードやマウスをパソコン、スマートフォンやタブレット端末につなぐ用途にも使われています。

◎ **NFC**

　NFCは近距離無線通信技術の標準仕様です。周波数は13.56MHz帯を用い、通信距離は10cmほどであり、機器同士を接近させるだけでデータのやりとりが可能です。代表的なNFC規格にはISO14443A(TypeA)、ISO14443B(TypeB)、FeliCaの3方式があり、これらは他の方式も包含してISO/IEC 18092(Near Field Communication) TypeFとして規格化されました。日本でTypeAはtaspo等、TypeBはパスポート、運転免許証やマイナンバーカード等に用いられています。

　モバイル端末に内蔵されたNFCによって、「カードエミュレーション」「リーダ/ライタエミュレーション」「機器間通信(P2P)」という3種の仕組みを実現することができます。カードエミュレーションでは端末がICカードとして働き、モバイル端末にインストールされたアプリに登録された電子マネーで、買い物や乗車券の支払いをすることができます。リーダ/ライタエミュレー

図5-12-1　Bluetooth

● パソコンやハンズフリーキット等、他の周辺機器と相互接続して利用できるインタフェースです。

ションでは、ポスター等に貼ってある無線タグ（ICチップ）にスマートフォンをかざすことで、URL等の情報を取り込むことができます。P2Pでは、NFCに対応したスマートフォン同士でメールアドレスを交換したり、パソコンやテレビ、デジタルカメラなど様々な機器とデータのやりとりができます。

◎ NFCの実装例（FeliCa）

FeliCaチップを内蔵したスマートフォンをリーダ／ライタにかざすことで、スマートフォン内の特定のアプリを起動することもできます。この場合の通信は、リーダ／ライタ、FeliCaチップ、スマートフォンの三者間で行われることから三者間通信と呼ばれます。店舗に設置されたリーダ／ライタから、クーポンや店舗情報をFeliCaチップ経由でスマートフォンに取り込むことができます（図5-12-2）。

図5-12-3に示すようにスマートフォン内にFeliCaチップを内蔵すると、自動販売機や店舗に設置された外部リーダ／ライタと非接触で代金を支払うことができます。この仕組みは「おサイフケータイ」と呼ばれる電子決済サービスに用いられています。

◎ UWBの実装例（Ultra Wide Band）

一部スマートフォンに搭載されているUWBは、超広帯域を用いた無線の仕組みです。通信距離は約10m程度ですが、UWBデバイスがある距離と方向を測位することができます。Appleの紛失タグであるAir TAGは、UWBを用いる事でタグの位置と方向を得ることができます。また、一部の車両では施錠解錠をスマートフォンからUWBで行うスマートーキーが搭載されています。

5-12 外部接続インタフェース（無線）

図5-12-2　モバイルFeliCaによるスマートフォンへのデータ取込み

図5-12-3　モバイルFeliCaの構造

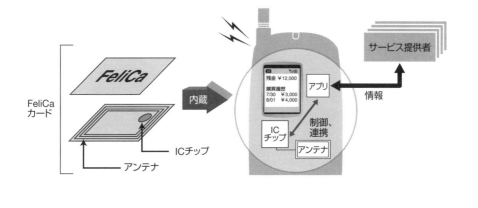

第 **6** 章

モバイル端末の
ソフトウェア

ここではソフトウェア技術の側面から、スマート
フォンやフィーチャーフォンを捉え、その構成や
位置づけについて解説します。スマートフォンや
フィーチャーフォンのソフトウェアの特徴について
理解を深めましょう。

6-1

端末ソフトウェアの構成
モバイル端末の中をのぞいてみよう

　アプリケーションを動作・実行させるために必要となるソフトウェア環境を「プラットフォーム」と呼びます（図6-1-1）。スマートフォンやフィーチャーフォン、OSとミドルウェアが連携することで、ソフトウェア実行環境を形成しています。ここではスマートフォンやフィーチャーフォンのソフトウェア実行環境の構成を解説します。

◎スマートフォンやフィーチャーフォンのソフトウェアの種類

　スマートフォンやフィーチャーフォンに用いられているソフトウェアには、次の3種類があります。

(1)オペレーティングシステム(OS)

　タッチパネルやキーからの入力、着信音の鳴動、ディスプレイへの表示といった入出力を司り、実行中のプログラムの管理を行い、ユーザへ操作環境を提供します。基本ソフトウェアともいい、スマートフォンやフィーチャーフォンの場合、工場出荷時から搭載されているので「組込みOS」ともいいます。OSには、ハードウェアを制御し、入出力処理を実行するデバイスドライバと呼ばれるソフトウェアも含まれます。

(2)ミドルウェア

　アプリケーションが動作する際、OSが持っていない機能を複数のアプリケーションに提供し、アプリケーションとOSの橋渡し的な役割を果たすソフトウェアです。ミドルウェアが提供する主な機能には、以下のようなものがあります。

・音声や画像の処理、通信制御等の基本的な機能
・操作系や画面表示を含むユーザインタフェース(UI[*1])処理機能
・Java[*2]等、ハードウェア(CPU)に依存しない専用アプリケーションを実行する際に必要となる機能
・アプリケーションが数値データをテーブル管理する場合のデータベース処理機能[*3]
・アプリケーション間の連携動作を管理する機能

---

*1：**User Interface**：コンピュータと人(ユーザ)との間で情報をやり取りするための方法、操作、表示といった仕組みの総称。
*2：Javaについては6-3を参照してください。
*3：スマートフォンの代表的なデータベースとしてSQLiteがあり、Table作成／追加／削除する機能が利用できます。

(3) アプリケーション（目的別ソフトウェア）

メーラー、アドレス帳、ブラウザ、スケジューラ等のように使用目的別に作られたソフトウェアです。スマートフォンやフィーチャーフォンの場合、メーラーやブラウザのように工場出荷時からインストールされているものと、ゲームソフトやナビソフト等のようにユーザがダウンロードして利用するものとがあります。

◎アプリケーションプロセッサ

スマートフォンやフィーチャーフォンの場合、アプリケーションに関するソフトウェアについては、通信制御用のプロセッサ（ベースバンドチップともいいます）とは別の「アプリケーションプロセッサ」で制御するのが一般的です。これは、アプリケーション等のソフトウェアが、スマートフォンやフィーチャーフォン本来の主要な機能である通話・通信機能の妨げになることを避けるためです。

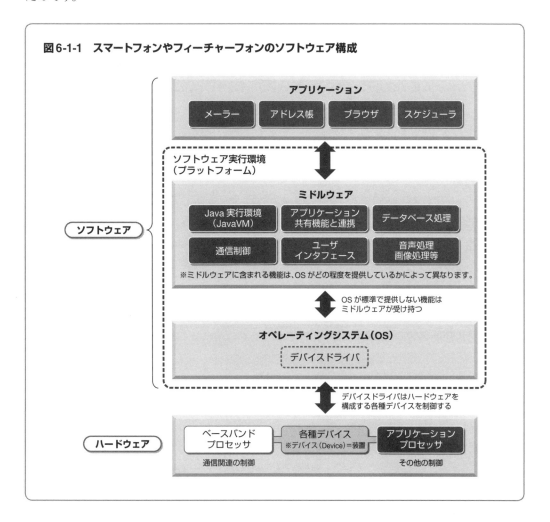

図6-1-1　スマートフォンやフィーチャーフォンのソフトウェア構成

6-2

モバイル端末のOS
パソコンとは違ういろいろなOS

◎**スマートフォンやフィーチャーフォンで使用されるOS**

　スマートフォンやフィーチャーフォンで使用される組込みOSには長時間電池で稼働できる省電力設計、限られたメモリ資源を効果的に制御する低メモリ容量設計、性能の低いプロセッサでも操作中の着信等優先度の高いアプリケーションによる処理に遅延が生じないようにリアルタイム性能を重視した設計が求められます。

　スマートフォンやフィーチャーフォンでは、通話という本来の機能と、メーラー、ブラウザ等のアプリケーションの動作を両立させる必要があります。例えばメールを書いている時に着信があった場合、OSはメーラーをいったん中断し、音声通話に関する処理を優先させます。そして、通話終了後にはメーラーの動作が再開され元の状態に戻ります。このように、様々な実行中のアプリケーションの優先度を管理することをOSの「タスク管理」といいます(図6-2-1)。

◎**スマートフォン向けのOS**

(1)Android OS

　米国Google社が開発したオープンソースのOSであり、様々なハードウェアに搭載されることを前提にして、Javaベースのアプリケーション実行環境を採用しています。アプリケーションの開発言語はJavaに加えて、Javaとの互換性を保ちながらプログラムの生産性を高める記述が可能なKotlinがサポートされており、統合開発環境であるAndroid Studioを利用して開発することができます。ソースコードは「Androidバイト・コード」という形式の中間言語にコンパイルされて、VM(Virtual Machine 仮想機械)[*4]がネイティブコード[*5]に変換しながら、プログラムを実行します。AndroidのVMは低メモリ環境に対して最適化されているので必要とするメモリ量とプロセッサ性能を抑制することが可能です[*6]。アプリケーション開発者はVM上で動作する

---

*4：アンドロイド中間言語をネイティブコードに変換するアプリケーション実行環境です。VMについては6-3を参照してください。

*5：CPUが理解でき、直接実行することができるプログラム言語のこと。

*6：AndroidのVMはDalvik VMを採用していましたが、Android5.0以降はパフォーマンスを改善するためにART VMが採用されています。6-3を参照。

*7：ソフトウェアをスムーズに動作させるためのタスク管理などの基本機能を実装しています。AndroidはPC用のLinuxカーネルをモバイル用途に最適化したカーネルを使用しています。

*8：iOSのソフトウェア実行環境を構成するレイヤの一つ。6-3を参照。

プログラムを開発することにより、OSの中核機能であるカーネル[*7]の詳細を意識する必要がありません。

(2)iOS

米国Apple社が開発した自社スマートフォン/タブレット製品に搭載されているOSです。パソコンのMac OSをベースとしてモバイル機器向けのユーザインタフェースを考慮して最適化されています。アプリケーションはObjective-C／Swift（オブジェクティブ／スウィフト）というプログラム言語を使って、OSが直接理解できるネイティブコードの形で開発されるため非常に高速に動作します。また様々な機能を実現するために、iOSが提供するいくつかのまとまった機能群（フレームワーク）を使用してプログラミングを行います。最も基本的な機能群としてはCocoa Touch[*8]があり、ユーザインタフェースに関わる機能を実現できます。

iOSはAndroidのように多様な製品へ搭載することはできませんが、搭載する機器を限定することでタイムリーなOSアップデートやセキュリティ確保が容易になります。

◎フィーチャーフォン向けのOS

フィーチャーフォン用OSは、比較的小型のプロセッサと一体化した組込み機器としてアプリケーションのリアルタイム性を重視したシステム最適化が行われますが、近年スマートフォンに使われているプロセッサ上でAndroid OSの機能を使用して、操作性を従来型のフィーチャーフォンに近づける新型のフィーチャーフォンが発売されています。端末にはタッチパネルはなく、ユーザインタフェースはキー操作により行います。

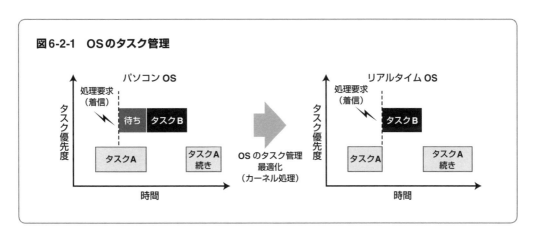

図6-2-1　OSのタスク管理

6-3

アプリケーションを動かす仕組み
Java VM、ネイティブ環境

◎Javaアプリケーション

　Javaは、米国のSun Microsystems社（現Oracle社）が開発したプログラミング言語、及びその実行環境です。その大きな特徴は、実行環境としてJava VM(Virtual Machine：仮想機械)を用いることです。Java VMは図6-3-1に示すように、プロセッサやOS等の違いを吸収します。このため一度作成されたアプリケーションは、Java VM上であれば、ハードウェアを選ばず動作することができます。このときJava VMは、Javaで記述されたプログラムをそのプラットフォームで実行可能な命令に逐次変換していくことで、実行環境の共通化を図っています。

　なお、Android OSで動くアプリケーションもJavaを使用しますが、実行環境にはJava VMとは仕様の異なるART(Android Run Time)を使用し、ライブラリも異なるため、他のJavaアプリとは互換性がありません。

◎ネイティブアプリケーション

　iPhoneのアプリケーションは、Javaとは異なり、CPUが直接理解できるバイナリーコードに変換されて動作するネイティブアプリケーションです（図6-3-2)。ネイティブアプリケーションは、プロセッサやハードウェアの持つ性能を最大に引き出すことができますが、ハードウェアが異なる機種間では互換性がありません。

　iPhoneのアプリケーションは、アップル社から提供される統合開発環境Xcodeを使って開発します。Xcodeにはアプリケーションをテストするためのシミュレータや、アプリケーションを公開するためのツールが搭載されています。アプリケーション配信に関しては、開発者が考慮すべき画面サイズや画質等の端末仕様も明確で、動作確認機種数が少なく済むことから、新しいアプリケーションはAndroid OSより早く公開される傾向があります。

◎VMとネイティブ環境の違い

　アプリケーションの実行環境は、VM（仮想実行環境）とネイティブ（産まれながらの意）環境に分けることができます。VMはひとつのアプリケーションを異なる種類のCPUの上で動作できるようにしますが、プログラムを実行するときにJIT（Just In Time）コンパイルにより、ネイティブコードに逐次変換する必要があるため、実行速度に問題があります。代表的なOSとしてAndroid OSがVMを使用していますが、ART（Android Run Time）と呼ばれるアプリケー

ション実行環境を導入して性能改善を行っています。

ART上で動作するアプリケーションは、よく使用されるプログラム部分のみを、AOT(ahead-of-time)と呼ばれるコンパイラによりネイティブコードに変換しておき、あまり使用されない部分は従来のJITによる逐次変換処理をすることで高速動作が可能になります。

これらの違いを図6-3-3に示します。

図6-3-1　Javaアプリケーションの例

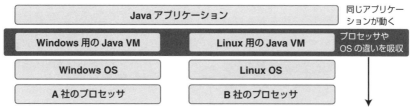

Java アプリケーション
同じアプリケーションが動く
Windows 用の Java VM
Linux 用の Java VM
プロセッサや OS の違いを吸収
Windows OS
Linux OS
A 社のプロセッサ
B 社のプロセッサ
Java アプリケーションから受けた命令を、それぞれの Java VM がプロセッサや OS に適した命令に変換することで違いを吸収します。

図6-3-2　ネイティブアプリケーションの例

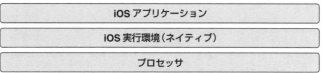

iOS アプリケーション
iOS 実行環境（ネイティブ）
プロセッサ
iOS では、実行環境となるプロセッサと OS の組合せを限定することで、共通のアプリケーションを動かします。

図6-3-3　Android方式のアプリケーション実行手順

順序	1	2	3		4	5	
Android 5.0以前	Application インストール	Android Byte Code (中間コード)	→	中間コード	Application 実行	Dalvik JIT	
						→	Native Code
Andoroid 5.0/6.0			→ / AOT	Native Code		ART 実行環境	
Android 7.0〜現在			JIT(Just In Time)／AOT(Ahead of Time) コンパイラーを併用して性能改善				

6-4

代表的なモバイルアプリケーション
ブラウザ、メーラー、ビューワ、プレイヤー

　スマートフォンやフィーチャーフォンのアプリケーションは、様々な目的のソフトウェアが標準で内蔵されていますが、Web上で動作するアプリケーションはブラウザを通して閲覧、操作することも多くなってきており、これらをWebアプリケーション[*9]と呼びます。(表6-4-1)。

　ここでは代表的な内蔵アプリケーションであるブラウザ、メーラー、ビューワ、プレイヤーとWebアプリケーションの関係について解説します。

◎ブラウザ

　サイト上のホームページは、HTML[*10]と呼ばれるマークアップ言語で記述されています。ブラウザは、Webサーバから送られてきたページデータを解釈して画面に表示、制御するソフトウェアです。

　スマートフォンやフィーチャーフォンに搭載されているブラウザは、文字や画像に様々な動きを持たせるためにJavaScriptというスクリプト言語をHTMLに埋め込んだサイトを表示することができます。

◎メーラー

　メーラーはメールの作成、送受信、閲覧ができるアプリケーションです。スマートフォンやフィーチャーフォンに搭載されているメーラーは、絵文字等スマートフォンやフィーチャーフォンならではの表現に対応しています。

　このほか内蔵カメラで撮影した画像/動画を添付する機能や、ホームページと同様のHTMLを使用した装飾メール(デコレーションメール等と呼ばれています)の送受信ができます。

　また、Webアプリケーションとして、ブラウザを通じてメールを送受信するWebメールと呼ばれるサービスを利用するユーザも増えており、GmailやYahoo!メールがよく使われます。

---

*9 ：Web上で動作するアプリケーションと比較する場合、端末にインストールして動作するアプリケーションはJavaアプリも含めて「ネイティブアプリケーション」と呼ばれます。

*10：**Hyper Text Markup Language**：なお、マークアップ言語には、HTML以外にもXMLやBML等があります。

◎ビューワ

　ビューワは、文書や画像等様々なデータを閲覧するためのソフトウェアです。スマートフォンやフィーチャーフォンでは、カメラで撮影した写真やWebサイトからダウンロードした画像等を閲覧できる画像ビューワが搭載されているほか、パソコンで作成された文書ファイルを閲覧できるドキュメントビューワを搭載する機種も増えてきました。ドキュメントビューワは、Word、Excel、PowerPoint、PDF等のようにパソコンで一般的に扱われている文書ファイルを表示することができます。

　またクラウド上のストレージに保存された文書にブラウザからログインして、Web上で編集や共有するOffice365 for Webのようなアプリケーションを使う機会も増えています。

◎プレイヤー

　プレイヤーは、動画や音声等を再生するソフトウェアです。プレイヤーの多くは、スマートフォンやフィーチャーフォンで録画、録音したデータだけでなく、Webサイトからダウンロードしたコンテンツや、パソコンで作成したコンテンツ等も再生できるようになっています。

　これまでプレイヤーはブラウザに組み込まれて使用されるケースも多くありましたが、HTML5を使って作成されたホームページ内に組み込まれる音声や動画、アニメーションコンテンツはブラウザ単体で表示できるようサポートされています。

表6-4-1　Webアプリとネイティブアプリの比較

	ネイティブアプリ	Webアプリ
開発言語	Kotlin/Swift 等	HTML5/JavaScript 等
アプリ動作	ストアからダウンロード スマートフォン上	Webサーバー上
実行環境	OS毎に異なる	ブラウザ上 OSの影響を受けない

図6-4-1　スマートフォンやフィーチャーフォンの代表的なアプリケーションの例

ブラウザ機能

メール機能

ドキュメントビューワ機能

音楽再生機能

6-5

文字入力の仕掛け
少ない手数で狙いどおりに打ち込む工夫

　フィーチャーフォンでは、キー操作により、日本語文字を効率よく入力できます。一方スマートフォンでは、画面タッチによって指の動きを減らすことで、文字入力を効率化しています。

◎文字入力効率化に向けた様々な工夫

　フィーチャーフォンでは、基本的に数字キーから日本語文字変換機能を用いて文字入力を行うため、少ないキーで効率よく文字入力を行う工夫が盛り込まれています。例えば、キーのタップ（押下）回数をなるべく減らす予測文字変換機能があります。これは入力された最少の文字列から想定される予測変換候補を複数表示し、文字列を選択できる機能ですが、予測変換辞書が学習することにより、入力効率がさらに高くなります（図6-5-1）。

　スマートフォンやフィーチャーフォンでは辞書機能にも工夫が加えられています。例えばユーザが使っている最寄り駅の名前や地名、あるいはメールで使う挨拶言葉や慣用句等、日常生活で出現頻度が高い用語を優先して登録することにより、コンパクトで使いやすい辞書機能を実現しています。また、必要に応じて辞書を追加できる機種もあります。

◎スマートフォン／フィーチャーフォン用の主な日本語文字入力ソフトウェア

　フィーチャーフォン用の日本語文字入力ソフトウェアは、当初は端末メーカが自ら開発していました。その後、パソコン向けの日本語文字入力ソフトウェアのメーカ等が参入し、端末メーカ向けに供給しています。その代表例には、ジャストシステムの「ATOK」や、Googleの「Google日本語入力」、オムロンソフトウェアの「iWnn」等があります。

◎タッチスクリーン向け日本語入力方式

　主にスマートフォンのタッチスクリーンで採用されている日本語入力方式に、フリック（flick）入力があります（図6-5-2）。テンキー風に配置された五十音各行のあ段（あかさたなはまやらわ）の周囲に、他の4段（い段、う段、え段、お段）が（潜在的に）配置されており、あ段のキーを押しつつ、目的の文字の方向に指をスライドさせる（弾く）ことで、文字を効率よく入力することができます。この他にも五十音各行のキー（あかさたなはまやらわ）を押した回数によって割り当てられた文字を選択する、トグル入力方式があります。また、ソフトウェアキーボード上の各キーを一筆書きの要領でなぞることで文字入力を行う、スワイプ（Swype）入力と呼ばれる方

式もあります（図6-5-3）。これは、指のアクションを減らすことによって入力速度を高めることができます。

◎音声日本語入力方式

　iPhoneは音声認識技術を使った「Siri」と呼ばれる機能が利用できます。Siriはネットワーク経由でAppleのクラウド（データセンタ）と通信を行うことにより、ユーザが自然な口調で話しかけた言葉を理解して、Webアクセスやテキスト変換、電話をかけるといった様々な操作を自動的に行います（図6-5-4）。

図6-5-1　予測文字変換入力

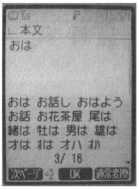

ユーザがどのような単語を入力したいのかを推測し、変換候補を表示してくれる入力機能。機種によっては、変換する時間帯によって候補が入れ替わる機能を持つものもあります。
例えば「お」と入力した際に、午前中なら「おはよう」、夜なら「おやすみ」という単語が一番最初の候補として表示されるようになります。

図6-5-3　スワイプ入力

Swypeは新しい入力メソッド。文字を線で結んで言葉を入力します。

図6-5-2　フリック入力とトグル入力方式

フリック入力は、
①タップして指を放さずに滑らせば、文字を片手で入力できる。
②1文字入力方式なので、キーに触れる回数がローマ字入力より少ない。

トグル入力は、「あ」を5回押せば→「い」→「う」→「え」→「お」と変化する。旧式のフィーチャーフォンと同じ入力方式

図6-5-4　音声日本語入力

6-6

写真や画像の記録形式
静止画の圧縮技術とファイルフォーマット

　写真やイラスト等の画像は一般にデータ量が大きいため、そのままでは通信回線を経由したデータ転送には不向きです。このため実際に利用される画像フォーマットでは、画像のデータ量を小さくする技術（圧縮処理）が用いられ、表現できる色数を減らしたり、目視では目立たない部分の簡略化等の処理が施されています。

◎非可逆圧縮と可逆圧縮

　画像を圧縮処理する際、色数を減らしたり、目立たない部分を簡略化すると、再生される画像の細部は、オリジナルのデータと異なることになります。このように完全な復元ができない圧縮方式を非可逆圧縮と呼びます。逆に完全にオリジナルデータを復元できる方式を可逆圧縮と呼びます。可逆圧縮の場合は画像劣化がないのですが、非可逆圧縮の場合、圧縮率（オリジナルのデータ量と圧縮後のデータ量の比率）を高くすればするほど圧縮後のデータ量は小さくなり、画質が劣化します（図6-6-1）。

◎主な画像フォーマット

　主な画像フォーマット（データ形式）を以下に示します。これらのフォーマットは、現在ではほとんどのスマートフォンやフィーチャーフォンで表示することができます。

・BMP（Bit MaP）

　画像情報をピクセルごとに、そのまま（無圧縮で）ファイル化する方式です。Microsoft社のWindows OSで標準の画像フォーマットとしてサポートされています。

・JPEG（Joint Photographic Experts Group）

　ISO（国際標準化機構）で、写真向けの標準圧縮仕様として策定された非可逆圧縮方式です。

・HEIF（High Efficiency Image File Format）

　JPEGの2倍程度の効率で画像データを圧縮できる静止画フォーマットです。圧縮方式はMPEG-4 AVC[*11]を採用しており、iOS11以降のOSで搭載されている静止画フォーマットです。

・GIF（Graphic Interchange Format）

　色数を256種類に制限することでデータを軽量化する可逆圧縮方式です。背景を透明にする

---

*11：MPEG-4 AVCについては6-7を参照してください。

*12：WebMについては6-7を参照してください。

透過GIF、全データを読み込む前に概要を確認できるインタレースGIF等Webサイトのための画像形式やアニメーションのように表示させるアニメーションGIFという形式もあります。

・PNG（Portable Network Graphic）

色数の制限がなく、線画のような単純な画像ほど高い圧縮率が得られる可逆圧縮方式です。イラストやマンガ等の線画の扱いに向いています。

・WebP

米国Google社が開発したオープンソースの画像フォーマットです。Webに掲載する写真などのデータサイズを大幅に縮小でき、Webサイトの読み込み速度を向上させる目的で開発されました。圧縮技術として、WebM[*12]のビデオ圧縮技術を使用しています。

主な画像フォーマットについて表6-6-1に示します。

図6-6-1　圧縮率と画質

表6-6-1　主な画像フォーマット

画像形式	拡張子	圧縮方式	長所	短所
BMP	bmp	無圧縮	Windowsの標準画像フォーマットで、特別な画像表示ツールを必要としません。無圧縮なので、編集や保存を繰り返しても画像が劣化しません。	データを無圧縮で保存するため、フルカラー（＝24ビットカラー）形式（約1677万色）を使用するとファイルサイズが極端に大きくなります。
JPEG	jpg	非可逆圧縮	他のファイルに比べて圧縮効率が良いため、ファイルサイズを小さくできます。写真のように色数が多く、微妙に変化する画像に適しています。	非可逆圧縮なので、圧縮後は画像が劣化します。イラスト、アイコン等の色数が少ない画像を圧縮する場合はGIF、PNGの方が優れています。
GIF	gif	可逆圧縮	透過GIF、インタレースGIF、アニメーションGIF等の拡張圧縮処理がサポートされ、ブラウザでの表示も良好で広く普及しています。	JPEG、PNGのようなフルカラー表示ではなく、256色までしかサポートしていません。カラー写真やグラデーション画像には不向きです。
PNG	png	可逆圧縮	GIFとほぼ同じ機能を持ち、最大48ビットカラー形式（約280兆色）までサポートします。JPEGのような圧縮による画質の劣化はありません。	写真画像を圧縮する場合、JPEGの数倍以上のファイルサイズが必要になります。アニメーションGIF相当の機能はサポートしていません。
WebP	webp	可逆圧縮／非可逆圧縮	Web上で扱われるJPEGやPNG画像に求められる基本圧縮機能を備えています。JPEGよりも高圧縮を実現できます。	対応しているアプリケーションがJPEGに比べて少なく、扱えない場合があります。

6-7

動く画像の記録形式
映像の圧縮技術とファイルフォーマット

スマートフォンやフィーチャーフォンで再生される映像コンテンツは、ビデオ（動画）データとオーディオ（音声）データを別々の方法で圧縮し、一つのファイルにまとめたものであり、高い圧縮率が求められるため非可逆圧縮方式が用いられます。ここでは各種の動画ファイルフォーマットと、その圧縮方式について学びます。

◎MPEG規格

ISO/IECで制定された動画像の圧縮符号化の国際標準規格であり、ビデオデータ及びオーディオデータは、用途に応じたコーデック[*13]により圧縮されます。表6-7-1にMPEG（Moving Picture Experts Group）規格とその特徴の一覧を示します。

◎動画フォーマット

動画フォーマットで用いるデータは、用途に応じたコーデックによって圧縮されたビデオデータ、オーディオデータと、それらを同期させるための信号やインデックス情報が一緒に格納されて一つの動画ファイルになります。これら多種類のデータを一つのファイルにまとめたファイル形式は、コンテナフォーマットと呼ばれています（図6-7-1）。

(1)MP4

MP4は、MPEG-4（Part14）で定められた動画フォーマットであり、Android、iPhoneだけでなく、PCでも標準サポートされています。

MP4で用いるデータとしては、MPEG-4形式の動画だけでなく、MPEG-2や様々なビデオコーデックや、AACやMP3[*14]等のオーディオコーデックによる圧縮データも格納することができます。

(2)MOV

MOVは、Apple社が開発したマルチメディアソフト、Quick Time（クイックタイム）に実装

---

*13：CODECは、「Code＝符号化」と「Decode＝復号」を合わせた用語で、マルチメディアデータを圧縮符号化したり、復号して再生するソフトウェアやハードウェアを指します。

*14：**MPEG-1 Audio Layer-3**：MPEG1で規格化されている音声圧縮方式。オリジナルデータを1/10程度まで圧縮できます。

*15：H.26XはITU（国際電気通信連合）によって勧告された、動画データの圧縮符号化方式の標準の一つです。

*16：非営利団体が開発したライセンスフリーの動画コーデックで、インターネット上の動画配信に用いられます。

*17：Xiph.Org Foundationが開発したラインセンスフリーの音声コーデック。同レートのMP3よりも品質がよいとされています。

されています。またiPhoneで撮影した動画は高効率のHEVC（表6-7-1）また互換性優先のH.264[*15]のどちらで撮影しても拡張子は.movとなります。

(3) WebM

　WebMはHTML5に準拠したオープンソースのビデオフォーマットであり、米国Google社が2009年5月に発表しました。ビデオコーデックの「VP8/VP9/AV1[*16]」と、オーディオコーデックの「Vorbis[*17]/Opus」で構成され、YouTubeの動画フォーマットにも採用されています。ファイルの拡張子は「.webm」となります。VP9はVP8の後継動画コーデックで、半分の帯域で同じ品質の動画の伝送が可能です。またOpusは遅延特性に優れた音声コーデックでインターネット上のインタラクティブ通信が必要となるケースで用いられます。

表6-7-1　動画データ圧縮形式

圧縮方式	特徴	適用製品
MPEG-2／AAC（音声）	再生時に動画と音声合わせて、15Mbps〜30Mbps程度でHDTV（ハイビジョン）品質を実現しています。音声圧縮はAAC（Advance Audio Code）が使用されます。	DVDビデオ BS/CSデジタル放送
MPEG-4 AVC（H.264）／AAC（音声）	MPEG-4 Part 10 Advanced Video Codingとして規格化されています。MPEG-2に比べ、同じクオリティなら概ね半分程度のデータ量で済むよう改良されています。H.264とは本質的に同じものです。	スマートフォン Blu-ray Disc
MPEG-H HEVC（H.265）／AAC（音声）	High Efficiency Video Coding (HEVC) はISO/IEC 23008-2としてITU-Tと共同で規格化されました。4Kや8Kなどの高精細・高品質な映像フォーマットで、MPEG-4 AVCの2倍の圧縮効率です。	スマートフォン 4K/8K TV

図6-7-1　コンテナとファイル形式の関係

第 7 章

モバイルコンテンツの特徴

コンテンツとは、Webで表示されるような情報やダウンロードすることで利用できるデータ等を指します。このコンテンツを配信して利用者に提供するサービスが「コンテンツサービス」です。その中でもスマートフォンやフィーチャーフォンを含むモバイル端末での利用に特化したものを「モバイルコンテンツサービス」といいます。ここでは、このモバイルコンテンツサービスについて解説します。

7-1

Webブラウジング型コンテンツサービスの種類
ブラウザを利用するコンテンツサービス

モバイル端末で利用できる多種多様なモバイルコンテンツサービスは、大きく分類すると次の3種類があります（図7-1-1）。必要な情報をモバイルサイト（Webサイト）に接続してブラウザで閲覧する「Webブラウジング」、コンテンツサーバからアプリケーションや音楽を取得して利用する「ダウンロード」、自動データ配信等でコンテンツサーバから番組やデータが届く「配信」です。これらのモバイルコンテンツの種類の違いを把握し、それぞれの目的や使い方を理解しましょう。

◎モバイルサイトの種類

ブラウザで閲覧するモバイルサイトは、その特徴により次のように分類することができます。

(1)情報提供系

利用者が頻繁に利用するニュースや天気予報等の情報を表示するモバイルサイトが情報提供系です。スマートフォンやフィーチャーフォン等はいつでもどこでも、その人が欲しい情報を表示することができるため、より利用者の状況に応じた情報をリアルタイムに提供することができます。

(2)コミュニティ系

SNSやブログ（BLOG）や掲示板、そしてQ&Aサイト等のモバイルサイトがコミュニティ系です。情報提供系は情報の流れが一方向ですが、コミュニティ系はユーザ側からも情報を入力・提供できることが特徴です。これにより会話のような双方向のコミュニケーションが生まれ、人が集まるコミュニティとして多くの人から注目されます。

(3)検索サービス系

ユーザが入力したキーワードに関連したWebサイトを探す機能を、検索エンジンと呼びます。移動体通信会社のポータルサイトでも検索機能が提供されており、目的のサービスやサイトを見つけやすいように工夫されています。検索エンジンは様々なアルゴリズムによって、ユーザが最も期待するであろうWebサイトを検索結果として上位に表示します。検索されるWebサイト側も、検索結果の上位に表示されるような工夫をしており、モバイル機器向けのものをモバイルSEO[*1]といいます。また、検索結果の中には、キーワードに関連した検索連動型広告（リスティ

---

*1：**SEO**：Search Engine Optimization（サーチエンジン・オプティマイゼーション）は検索エンジン最適化の略です。

ング広告)も表示され、検索エンジンを提供する企業の収益源となっています。

(4)電子商取引(EC：Electronic Commerce)系

　モバイル端末を使ったオンラインショッピングが電子商取引系（モバイルコマース）の代表例です。モバイル端末を用いて、Webサイト上から物品を購入することです。その普及の要因としては、次のようなものが挙げられます。

・多くの電子商取引系サイトがモバイルサイトを中心に提供されている。
・印刷媒体からのモバイルサイトの誘導にQRコードが用いられるようになった。
・成功報酬型広告（アフィリエイト）がモバイルサイト向けに多く対応し、ブログ等から商品紹介ページへの誘導が多くなった。
・端末の画面サイズが大きくなり解像度も高くなったことで、商品の画像がより見やすくなった。
・料金回収代行やクレジットカード、電子マネー等による決済手段が増えた。

　これらを背景に電子商取引系サイトの利用は、生活インフラの一部として定着しつつあります。

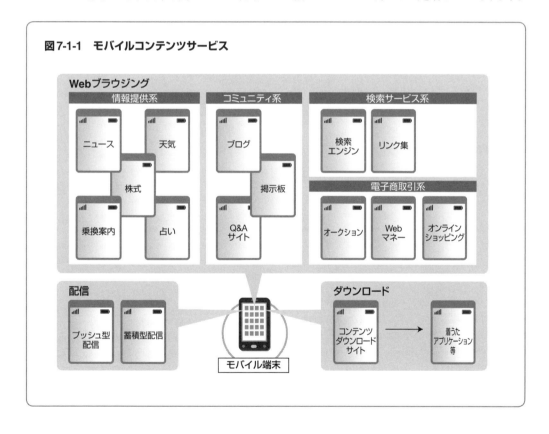

図7-1-1　モバイルコンテンツサービス

7-2

ダウンロード型コンテンツサービスの種類
端末に保存して利用するコンテンツサービス

　ここではモバイル端末でダウンロードし、端末に保存することで利用が可能なモバイルコンテンツサービスについて説明します(図7-2-1)。

◎**アプリケーションコンテンツ**

　スマートフォン向けのコンテンツサービスは、マーケットプレイスと呼ばれるWebサイトやアプリケーションから、アプリケーション(以下アプリ)をダウンロードして利用します。Webで公開されているサービスの多くは、アプリとしても提供されています。例としてX(旧Twitter)やFacebookといったSNS(ソーシャルネットワーキングサービス)、ゲーム、地図、乗換案内等、様々なアプリがあります。モバイルFeliCaに対して、電子マネー等の登録や削除を行うのもアプリの役割です。また、待受け画面上に常駐して、時計やカレンダー、天気予報等といった頻繁に使うツールや機能を提供する「ウィジェット」もアプリの一種です。

◎**音楽・動画系コンテンツ**

　音楽や動画サービスを行う事業者から提供されているアプリを用いて、提供されている楽曲や動画の視聴や購入を行います。このとき、ファイルとしてダウンロードする方法か、ストリーミングとしてファイルを残さない方法のどちらかを用います。ダウンロードした場合は、パソコンから外部のデバイスへ転送して視聴できるサービスもあります。

◎**画像系コンテンツ**

　スマートフォンやフィーチャーフォンの待受け画面に使う画像のダウンロードサービスも提供されています。JPEGやPNGといった形式の静止画像を利用することができます。また、アイコンメニューや画面デザイン等も含め、操作UI[*2]の表示を一括で変更できる着せ替えサービスもあります。なお、スマートフォンでは、この着せ替えサービスがアプリとして提供される場合もあります。

　装飾メールの素材としての画像系コンテンツもあります。静止画像やアニメーションGIF、あらかじめレイアウトが決められたテンプレートファイル等の種類があります。

---

*2 : **User Interface**：ユーザインタフェースについては、6-1の脚注を参照してください。

◎電子書籍コンテンツ

　モバイル端末でコミックや小説、雑誌、新聞、写真集等を読めるようにしたものが電子書籍です。ダウンロードされた電子書籍ファイルは、専用のビューワアプリを用いて閲覧します。iPadやKindleといった電子書籍に適したモバイル機器が登場したことによって、電子書籍コンテンツの市場は拡大しています。

◎コンテンツ購入時の留意点

　ダウンロード型コンテンツサービスは端末の機能仕様に依存することがあります。マーケットプレイスでは、端末に対応しているアプリのみダウンロード可能となっているため、端末仕様を気にする必要はありません。しかし、機種変更を行うとコンテンツが引き継げなかったり、コンテンツそのものが機種変更後の端末に対応していない場合もあるため、注意が必要です。

　コンテンツ購入時には、通常、利用規約が掲示されます。利用規約にはコンテンツの利用条件や機種変更時の取扱い、トラブル時の対応条件が記載されているので、規約内容をよく読み、同意した上で購入する必要があります。

図7-2-1　ダウンロード型コンテンツサービスの種類

7-3

災害用伝言板
社会性の高いサービス

　スマートフォンやフィーチャーフォンは通信が集中すると、回線が混雑し利用できなくなることがあります。特に災害等が発生した場合、特定の交換局に安否確認等の連絡が集中しスマートフォンやフィーチャーフォンの音声通話回線がつながりにくくなることがあります。このような場合のために、移動体通信会社は「災害用伝言板」を提供しています。

◎災害時に開設される伝言板

　災害用伝言板は、日本国内で震度6弱以上の地震等、被害規模の大きな災害が発生した場合に、移動体通信会社のポータルサイトのトップ画面にリンクが表示される形で提供されます。

　移動体通信会社のインターネット接続サービスは複数のサーバに処理を分散し、回線を共用するパケット通信網を利用しているため、災害用伝言板は比較的つながりやすい状況を維持できます。メッセージが登録できるエリアは、全国または災害が発生した地域を管轄している営業エリア及びその周辺地域です。メッセージの読み出しは、全国からアクセス可能です。メッセージ登録は、「無事です」「被害があります」「自宅に居ます」「避難所に居ます」という基本メッセージに加え、100文字までコメントを入力できます。登録可能件数は、1電話番号あたり10件までで、10件を超えるメッセージは古いものから順次上書きされます。

　使い方は各移動体通信会社ともほぼ同様です。災害用伝言板では、電話番号をIDとして相互の情報を専用掲示板上に残しておけるので、電話番号を知っている人なら誰でも安否を確認することができます。2010年3月からは「全社一括検索」が提供され、被災者の利用している移動体通信会社がわからなくても、登録されたメッセージを横断的に検索することが可能です。

◎災害用伝言板の体験利用

　毎月1日・15日、正月三が日、防災週間（毎年8月30日〜9月5日）、防災とボランティア週間（毎年1月15日〜21日）に限って災害用伝言板の体験利用が可能です。これは、非常時にユーザが家族や大切な人と確実に連絡を取る手段として、日頃から災害用伝言板の利用方法を確認してもらうために設けられたものです。

7-3 災害用伝言板

図7-3-1 災害用伝言板への登録・確認方法

スマートフォンご利用の方

「災害用伝言板」への伝言の登録や、その確認は、つぎのように。

「災害用伝言板」は、震度6以上の地震など、大きな災害が発生した場合にスマートフォン上に緊急開設されます。つぎの各スマートフォン上のWebサイトトップ、またはアプリ画面からアクセスしてください。

災害発生時の安否情報登録にはNTT東日本／西日本が提供する「災害用伝言板(web171)」が推奨されており、web171.jpから利用可能。

伝言の登録　「登録」→「メッセージ」→「登録」と覚えてください。

① トップ画面の「災害用伝言板」を選ぶ。
② 「災害用伝言板」の画面が現れたら、「登録」を選ぶ。
③ メッセージしたい項目を選ぶ。（コメントも書き込めます）
④ その画面でも「登録」を選ぶ。
　　伝言の登録が完了。

伝言の確認　「確認」→「電話番号」→「検索」と覚えてください。

① トップ画面の「災害用伝言板」を選ぶ。
② 「災害用伝言板」の画面が現れたら、「確認」を選ぶ。
③ 相手のケータイ電話番号を入力。
④ その画面で「検索」を選ぶ。
　　伝言の検索結果が表示。

<iPhone・iPad・App Store>TM and ©2014 Apple Inc. All rights reserved. iPad・iPhoneは、米国および他の国々で登録されたApple Inc.の商標です。iPhoneの商標は、アイホン株式会社のライセンスにもとづき使用されています。App StoreはApple Inc.のサービスマークです。

「**全社一括検索**」全ケータイ会社共通対応。　被災者の方のメッセージを、すべてのケータイ会社から素早く、スムーズに検索します。

出典：社団法人電気通信事業者協会(TCA)

7-4

SNSを用いたコミュニケーション
スマートフォンで利用拡大するソーシャルサービス

　Android、iPhone等の普及に伴い、これらスマートフォンで利用するコンテンツサービスの市場も拡大しています。中でもSNS（Social Networking Service）系のアプリがユーザ数を増やしています。

◎スマートフォンで利用拡大するSNS

　SNSは人と人とのつながりをベースとし、コミュニティ型のサービスを提供します。利用者自身が公開した個人のプロフィール情報から、趣味や嗜好、居住地域、出身校等に基づく人間関係をネットワーク上で構築していきます。

　SNSでは誰でも手軽にミニブログや写真を投稿したり、メッセージを送信できる機能がありますが、その内容がプライバシー侵害や情報漏洩になったり、公序良俗に反する記述によりいわゆる「炎上」状態になったり、虚偽情報（デマ）が広まったり、異性との出会いに伴う被害に遭遇する可能性があるため、サービス利用には自己責任を伴います。

◎代表的なSNS

　代表的なSNSとして次のサービスがあります。

・X（旧Twitter）

　140文字以内の短文をミニブログに投稿するサービスであり、投稿することを「ポスト（旧ツイート、以下略）」と称します。140文字の中に長いURLを納めるための「URL短縮サービス」も用意されています。他人のポストをタイムライン上に表示するためにユーザ登録することを「フォロー」、自分を登録している他のユーザのことを「フォロワー」と呼びます。他のユーザのポストを再投稿することを「リポスト（旧リツイート、以下略）」といい、フォロワーがリポストを繰り返すことで情報の拡散が行われます。ポストの中に「ハッシュタグ」とよばれる＃記号と文字列の組合せを含めることで、特定テーマについての投稿が閲覧しやすくなります。なお、特定の個人あてに投稿できる「ダイレクトメッセージ」や、有償のプランだと140文字の制限はありません。

＊3：2021年よりFacebookはMetaに社名変更しました。SNSのサービス名である「Facebook」は変わりません。

・Facebook

米国ハーバード大学の学生交流用サイトを起源とし、それが一般に公開されたものが Facebook [*3] です。実名登録を基本とし、個人プロフィールを登録すると、自分に関連性の高いユーザが通知されるようになります。他の人が投稿したブログ、写真、リンクに対して「いいね！」というボタンで好感を示したり、コメントを残すことができます。また位置情報を利用した「チェックイン」機能により、現在の居場所を他のユーザとシェア（共用）することが可能です。

・LINE

無料通話アプリとして公開され、ここにメッセージ交換などの SNS 機能が搭載されました。LINEの利用は無料ですが、データ通信を使います。そのため、他のSNSアプリと同じように、データ通信料は契約している移動体通信会社に支払う必要があります。メッセージ交換のグループ設定もできるため、連絡や告知などに用いられます。

・Instagram

撮影した写真を共有することで参加者がコミュニケーションを行うSNSとして、運営されています。掲載する写真の見栄えをよくするために、写真に効果を付けるフィルター機能が充実しています。このインスタグラムの言葉から転じて、スマートフォンで写真撮影することを「インスタ」と呼び、特に公開した際に見栄えが良くなることを「インスタ映え」と言います。

・Clubhouse

音声を用いたSNSとして公開されており、気軽に話し合える場所の提供が行われます。従来の映像やテキストではなく、音声による複数人のリアルタイム会話のみでコミュニケーションが行われます。主催者がテーマを決めてルームを開設し、そこに興味ある参加者が声で参加します。

・mixi

日記の投稿による交流をメインとした国産のSNSです。親しいユーザを「マイミクシィ（マイミク）」として登録すると、プロフィール画面にそのユーザの情報が表示されるようになります。また、様々なテーマのコミュニティがあり、参加者により設立したり参加したりできます。

・Threads

FacebookとInstagramを運用するMeta社が、既存のSNSよりも気軽にユーザ間の会話を楽しめるように公開したテキスト共有アプリです。利用にはInstagramのアカウントが必要です。

7-5

マーケットプレイスとアプリ
スマートフォンで利用拡大するコンテンツサービス

　スマートフォンで利用するアプリはマーケットプレイスと呼ばれるコンテンツサービスから
ダウンロードを行います。このダウンロード数とともに市場規模も年々大きくなっています（図
7-5-1）。移動体通信会社が運営するマーケットプレイスもありますが、スマートフォンのOSを提
供する会社が運営するマーケットプレイスが主に利用されます。

◎マーケットプレイス

　マーケットプレイスは、端末プラットフォーム(OS)の開発会社、移動体通信会社、端末メーカ
等がそれぞれ運営を行っています。スマートフォンでは、端末プラットフォーム会社が自社のOS
を搭載するスマートフォン向けにアプリを提供しています。

　AndroidではGoogle社が運営するGoogle Playからコンテンツやアプリを購入します。ア
プリは誰でも開発し公開できます。Google Playはパソコンでも提供されているので、パソコン
でインストール操作を行うことで、同じGoogleアカウントでサインインしているAndroidスマー
トフォンに自動的にアプリをインストールすることができます。有料アプリの決済は、クレジット
カードまたはプリペイドのGoogle Playギフトカードで行われます。

　iPhone/iPadでは、Apple社が運営するApp Store、またはパソコン上のiTunes Store経
由でコンテンツやアプリを購入します。アプリは誰でも開発し公開できますが、App Storeに登
録する際に、Apple社による審査があります。有料アプリの決済は、クレジットカードまたはプ
リペイドのiTunesカードで行われます。

　これらのマーケットプレイスの特徴は、アプリが運営会社のサーバにホスティング[*4] されて
いることであり、アプリ売上の一部が手数料としてマーケットプレイス運営会社に支払われま
す。また移動体通信会社によっては、NTTドコモの「dマーケット」、KDDIの「au Market」と
いった独自のAndroid向けマーケットプレイスを用意し、登録するアプリの審査を強化していた
り、Google Playでの支払方法に移動体通信会社の料金回収代行を対応させていたりします。

---

*4：自前でサーバを設置するのではなく、共用利用できる業者の設備をレンタルする運用手法のことです。

7-5 マーケットプレイスとアプリ

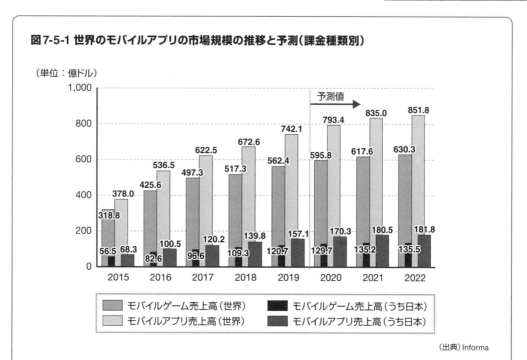

図7-5-1 世界のモバイルアプリの市場規模の推移と予測（課金種類別）

(出典) Informa

第 **8** 章

モバイルにおける セキュリティ

ここでは、モバイル端末（主にスマートフォンと
フィーチャーフォン）における情報セキュリティに
ついて、事例をもとにあるべき姿を学びます。

8-1

モバイル環境のセキュリティ
モバイル環境におけるセキュリティリスクを知ろう

◎モバイル端末のセキュリティの必要性

　スマートフォンやフィーチャーフォン等のモバイル端末は、持ち運びが容易でいつでもどこからでも使用できることから、モバイルシステムに必要不可欠なアイテムとなっています。しかしその反面、モバイル端末は、常に盗難や紛失の脅威にさらされています。モバイル端末の中には、アドレス帳や電子マネー等、第三者から守るべき重要な情報資産が数多く保存されています。ビジネスシーンでは、メールや写真等も重要な情報資産となります。そのため、モバイル端末におけるセキュリティの重要性が年々増大しています。企業では、モバイル端末は最も気を配らなければならない機器として扱われています。

◎モバイル端末の情報セキュリティ

　情報セキュリティを確保するためには、情報の「機密性」、「完全性」及び「可用性」という3つの要件を満たす必要があります。これらの要件は、それぞれ次のように言い換えることができます。
　① 機密性：正当な権利を持つ人だけが、その情報にアクセスできること。
　② 完全性：情報が破壊、改ざん又は消去されていないこと。
　③ 可用性：情報が必要な時に、いつでもアクセスできること。
　モバイル端末は、常に情報セキュリティ上の脅威にさらされています。モバイル端末の機能や設定の不備、誤操作等の脆弱性があると、上述した3つのうち何れかの要件を満たすことができなくなり、被害に繋がってしまいます。モバイル端末の情報セキュリティを確保するためには、被害が発生するリスクから情報資産を守る必要があります。
　モバイル端末を利用する上で考慮が必要な脅威とリスクの例を、モバイル端末の構成要素及び格納されている情報資産の視点から、表8-1-1に挙げました。また、モバイル端末の構成要素では、リスクの原因となる脆弱性についても触れています。表で明らかなように、モバイル環境におけるリスクの多くは、盗難と紛失をきっかけとして発生します。また、機密性と完全性は不正なアクセスを防止する機能の不足または未使用が、可用性はユーザの誤操作を防止する機能の不足が主な原因として挙げられます。さらには、不正なアプリケーションやモバイル端末の携行に起因する情報流出のリスクもあります。

8-1　モバイル環境のセキュリティ

表8-1-1　スマートフォンやフィーチャーフォンが保有する脅威とリスクの例

		情報が流出・漏えいしないこと（機密性）	情報が欠損・改ざんされないこと（完全性）	必要なときに情報を使用できること（可用性）
（ハードウェアデバイスやソフトウェア）モバイル端末本体の構成要素	モバイル端末本体	本体ロック等の対策が不足すると、第三者により機密情報にアクセスされる恐れがある。	本体ロック等の対策が不足すると、第三者により機密情報にアクセスされ破壊される恐れがある。	紛失や盗難に伴い、第三者に不正使用される恐れがある。
	SIMカード	PINロック等の対策が不足すると、第三者により機密情報にアクセスされる恐れがある。	・PINロック等の対策が不足すると、第三者により機密情報にアクセスされ破壊される恐れがある。 ・第三者により取り外され情報を破壊される恐れがある。	紛失、盗難、故障、破壊等により、スマートフォンやフィーチャーフォンの通話機能やその他の機能が使えなくなる恐れがある。
	メモリカード	暗号化等の対策が不足すると、第三者により機密情報にアクセスされる恐れがある。	第三者により取り外され情報を破壊される恐れがある。	紛失、盗難、故障、破壊等により、メモリカードが使えなくなる恐れがある。
	OS	セキュリティ対策が不足すると、ウイルス感染や混入したマルウェアにより機密情報にアクセスされる恐れがある。	セキュリティ対策が不足すると、ウイルス感染や混入したマルウェアにより機密情報にアクセスされ破壊される恐れがある。	ウイルス感染や混入したマルウェアが原因でモバイル端末が使えなくなる恐れがある。
	ダウンロードアプリケーション			
モバイル端末の中に格納されている情報資産	アドレス帳（本体、SIMカード、メモリカード）	氏名、電話番号、住所、業務情報や個人情報等の「機密情報」が漏えいする恐れがある。	氏名、電話番号、住所、業務情報や個人情報等を破壊される恐れがある。	故意による破壊や、過失による消去等で情報が使用できなくなり、モバイル端末の機能が使用できなくなる恐れがある。
	メール			
	スケジュール			
	画像			
	画面メモ			
	音楽コンテンツゲームコンテンツ	購入した音楽やゲームコンテンツが漏えいする恐れがある。	音楽やゲームコンテンツデータを破壊される恐れがある。	故意による破壊や、過失による消去、機種変更等で情報が使用できなくなり、モバイル端末の機能が使用できなくなる恐れがある。
	PDF文書等の業務アプリケーションデータ	業務アプリケーションデータに含まれる機密情報が漏えいする恐れがある。	業務アプリケーションデータを破壊される恐れがある。	故意による破壊や、過失による消去等で情報が使用できなくなり、業務機能が果たせなくなる恐れがある。
	電子マネー	電子マネーが窃取されたり、利用履歴から個人の機微情報が漏えいしたりする恐れがある。	利用履歴情報が破壊される恐れがある。	過失によるデータの消去・破壊、機種変更時のバックアップ不備等により、電子マネーが使用できなくなる恐れがある。
	認証キー	個人認証キーが漏えいすると、なりすましに悪用されて室内等に侵入される恐れがある。	悪意のある第三者により、データが破壊されるおそれがある。	正しい使用者による誤操作で認証キー、及び代替認証の方法を失うと認証できなくなる恐れがある。
	発着信履歴	アドレス帳やメールと共に漏えいし、個人が特定されてしまう恐れがある。	発着信履歴が消去され、発信元が特定できなくなる。	・発着信履歴が消去され、リダイヤルができなくなる。 ・受話相手の番号等をアドレス帳に登録できなくなる。

第8章　モバイルにおけるセキュリティ

133

8-2

セキュリティリスクの詳細
セキュリティリスクの原因を考えよう

ここでは、モバイル端末における情報セキュリティ上のリスクとその原因について、整理します。

◎リスク、脅威、脆弱性

情報セキュリティ対策の目的は、セキュリティリスクから情報資産を守ることです。リスクとは、損害や影響を発生させる可能性のことです。モバイル端末に対するセキュリティリスクを考えるには、リスクを引き起こす要因である「脅威」とモバイル端末に起因して脅威によって利用されるおそれのある弱点である「脆弱性」を整理する必要があります。モバイル端末には、個人情報や機密情報が数多く保存されるようになりました。スマートフォンやノートパソコンには、企業内情報や顧客データといった機密性の高い情報が数多く保存されています。特に、スマートフォンには氏名、電話番号、メールアドレスを主とした個人情報が保存されているので、さらなる注意が必要となります。

また、モバイル端末の使い勝手を向上させるために、これらのデータは、本体だけでなくメモリカードやクラウドサービスにも保存されるようになっています。脅威と脆弱性の整理においては、このような変化に応じた原因分析が必要になります。

◎盗難・紛失に伴うリスク

スマートフォンには、アドレス帳等、多くの個人情報が保存されています。ノートパソコン等には、顧客データなどの機密性の高い情報が保存されています。

盗難にあったり、紛失してしまったりしたときにメモリカードを抜かれ、中に保存されている個人情報が悪用されるかもしれません。その背景には、初期設定が不適切であったり、ユーザがメモリカードの使い方に無頓着であったりする等、運用上の脆弱性があるかもしれません。さらに、その遠因として、セキュリティ意識の低さや、個人情報の売買の横行等を指摘することができます。表8-1-1に挙げた脅威とリスクをもとに大まかに再整理すると、図8-2-1のようになります。

スマートフォンやフィーチャーフォン等は、簡単に持ち運べる反面、紛失や盗難のリスクがノートパソコンに比べて高いので、その対策もよく考えられています。

図8-2-1　モバイル端末におけるセキュリティ上の『脅威』とその『原因』

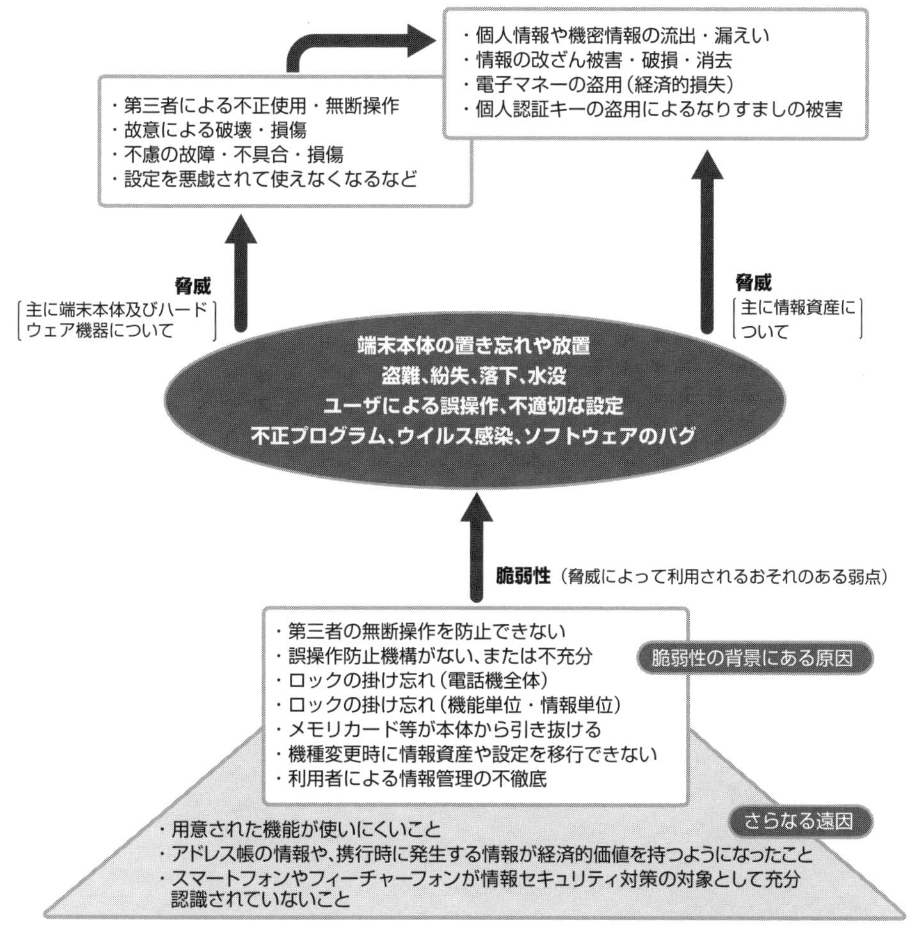

・第三者による不正使用・無断操作
・故意による破壊・損傷
・不慮の故障・不具合・損傷
・設定を悪戯されて使えなくなるなど

・個人情報や機密情報の流出・漏えい
・情報の改ざん被害・破損・消去
・電子マネーの盗用（経済的損失）
・個人認証キーの盗用によるなりすましの被害

脅威
［主に端末本体及びハード
ウェア機器について］

脅威
［主に情報資産に
ついて］

端末本体の置き忘れや放置
盗難、紛失、落下、水没
ユーザによる誤操作、不適切な設定
不正プログラム、ウイルス感染、ソフトウェアのバグ

脆弱性（脅威によって利用されるおそれのある弱点）

脆弱性の背景にある原因

・第三者の無断操作を防止できない
・誤操作防止機構がない、または不充分
・ロックの掛け忘れ（電話機全体）
・ロックの掛け忘れ（機能単位・情報単位）
・メモリカード等が本体から引き抜ける
・機種変更時に情報資産や設定を移行できない
・利用者による情報管理の不徹底

さらなる遠因

・用意された機能が使いにくいこと
・アドレス帳の情報や、携行時に発生する情報が経済的価値を持つようになったこと
・スマートフォンやフィーチャーフォンが情報セキュリティ対策の対象として充分
認識されていないこと

8-3

セキュリティの機能、サービス
セキュリティ対策のための機能やサービスを知ろう

　2005年の個人情報保護法の施行を契機とし、企業活動の中で情報セキュリティの強化が図られてきました。しかし、個人のスマートフォンを業務で使用したり、業務用のノートパソコンを自宅に持ち帰って個人使用したりといったことが原因となる個人情報の流出が後をたたず、対策が求められてきました。その結果、企業向け／個人向けを問わず、モバイル端末における情報セキュリティ対策の機能やサービスが充実しました。また、企業では、端末管理機能を提供するモバイル端末管理システムの利用も一般化してきました。

◎モバイル端末のロック機能
　モバイル端末の情報セキュリティ対策で最も重要なことは、盗難・紛失時の情報漏えい対策です。そのためには日常的にロック機能を活用することが欠かせません。

　遠隔ロックを使用することも有効です。遠隔ロックサービスの例を図8-3-1に示します。このサービスは盗難・紛失の際に、移動体通信会社から、あるいはユーザの操作により実施するもので、実施後は電源のON/OFF以外の全ての操作ができなくなります。またロックの解除は移動体通信会社のみが実施可能なので、第三者によってロックを解除される可能性は極めて低くなります。

◎データのバックアップ
　モバイル端末の盗難・紛失対策としてもう一つ重要なことはデータのバックアップです。特にアドレス帳はモバイル端末に保存されたデータが最も新しいことが多く、誤って消去してしまうと問題が生じることにもなりかねません。この対策の一つとして、複数の移動体通信会社で提供している遠隔バックアップサービスの利用が挙げられます（図8-3-2）。アドレス帳だけではなく、メール、スケジュール、画像等のデータもバックアップすることができるので、モバイル端末の利用シーンに合わせて活用することができます。

◎モバイル端末管理システム
　企業では、社内で扱うスマートフォンを管理するために、EMM（Enterprise Mobility Management）というシステムが活用されています。

　従来は、MDM（Mobile Device Management）というシステムを使用して、モバイル端末の

デバイス管理、セキュリティ設定の一括適用、アプリケーションの管理（配布や更新、削除等）、遠隔ロック、バックアップ等、モバイル端末全体の管理を実現していました。MDMにより、企業が従業員に貸与するモバイル端末のセキュリティリスクを管理できるようになりましたが、個人のモバイル端末を業務で使用するBYOD（Bring Your Own Device）を採用する企業では、プライバシー保護の観点から、モバイル端末全体を管理するMDMの適用が難しいケースが出てきました。

　EMMは、MDMが持つモバイル端末のデバイス管理機能に加え、業務で使用するアプリケーションを管理するMAM（Mobile Application Management）やアプリケーションが扱うコンテンツを管理するMCM（Mobile Content Management）といった機能を備えており、BYODを扱うケースにも柔軟に適用できます。

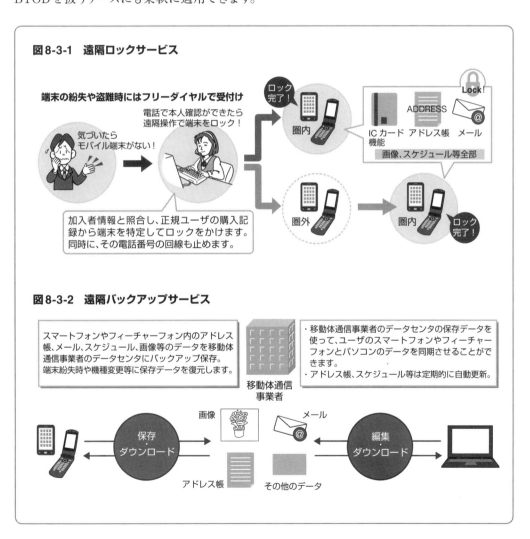

図8-3-1　遠隔ロックサービス

図8-3-2　遠隔バックアップサービス

8-4

迷惑メール対策
迷惑メールや迷惑電話の対策を知ろう

　ユーザが望まない広告宣伝メールや架空請求メール、詐欺・なりすましメール等を送りつける、いわゆる「迷惑メール」が社会問題となっています。スマートフォンやフィーチャーフォンではメール受信の際にもパケット通信料がかかるため、添付ファイル付きの迷惑メール等が極端に増加すると、予期せぬ高額利用につながるリスクがあります。また重要なメールが埋もれてしまい、利便性が損なわれるリスクもあります。

◎広告宣伝メール

　広告宣伝メールは、出会い系サイトやアダルト系サイトへの登録、サービスや商品の販売を誘引する内容のメールで、迷惑メールの中で最も流通しています。

　広告宣伝メールによるトラブルを防止するため、『特定電子メールの送信の適正化等に関する法律』では、広告宣伝メールを送信する者に対し、原則として、あらかじめ送信に同意した相手に対してのみ送信が認められる「オプトイン規制」を定めています。

◎架空請求メール

　架空請求メールは、突然、身に覚えのない情報料や通信販売サイトの未納料金を請求する内容のメールです。最近では、実在の大手企業を装ったもの、存在しない法令や公的機関の名称を用いたもの、法的措置をちらつかせるもの等、受信者の不安をあおる手口が巧妙になっているので注意が必要です。

◎詐欺・なりすましメール

　悪意のあるサイトのURLが記載されたメールです。URLをクリックしてしまうと、本物そっくりに偽装したウェブサイトに誘導してログインIDやパスワード、個人情報を窃取するフィッシング詐欺や、偽警告を表示するウェブサイトに誘導して架空請求するクリック詐欺の被害に遭ってしまいます。

---

*1：一般財団法人 日本データ通信協会 迷惑メール相談センター（詳細は巻末資料を参照）

詐欺・なりすましメールはウェブサイトに誘導することが目的のため、送信者は返信メールを受信する必要がありません。そのため、送信元を実在の企業に詐称していることが多く、メールを見ただけでは悪意があるかどうかを区別するのが難しいという特徴があります。

◎迷惑メール対策

迷惑メールの最も効果的な対策は、記載されたURLや電話番号にアクセスしたり、メールに返信したりせずに無視することです。どうしても困った場合は、専門機関[*1]に相談することも有効です。

移動体通信会社では、表8-4-1に挙げたような迷惑メール対策を実現するための様々なサービスを提供しています。これらのサービスを活用することにより、受信する迷惑メールそのものを減らすことができます。

◎迷惑電話対策

迷惑メールのほかにも、無言電話やいたずら電話、脅迫電話等、受け手に不快感を与えるいわゆる「迷惑電話」も社会問題となっています。各移動体通信会社では、迷惑電話対策として、電話番号非通知の着信を拒否したり、直前にかかってきた電話を拒否対象に設定するサービスを提供しています。

表8-4-1 迷惑メールの対策の例

対策の種類	対策の内容	対策の有効性		
		広告宣伝	架空請求	詐欺・なりすまし
URL付きメール拒否	出会い系サイトやアダルト系サイト、違法サイト、マルウェア配布サイト等のURLが記載されたメールの受信を拒否します。	○		○
指定アドレス受信／拒否	メールアドレスを指定して、指定したメールアドレスから送信されたメールだけを受信、または指定したメールアドレスから送信されたメールの受信を拒否します。移動体通信会社によっては、アドレス帳に登録されたメールアドレスからの受信のみを許可できるサービスもあります。	○	○	○
指定ドメイン受信／拒否	メールアドレスのドメイン名（「@」よりも右側の部分）を指定して、指定したドメインから送信されたメールだけを受信、または指定したドメインから送信されたメールの受信を拒否します。	○		
HTMLメール拒否	ウェブサイトの作成に使うHTMLで記述されたメールの受信を拒否します。			○
なりすましメール拒否	送信元のメールアドレスを詐称して送信されたメールの受信を拒否します。		○	○

8-5

有害情報フィルタリングサービス
有害情報から青少年を守る仕組みを知ろう

　青少年のスマートフォンやフィーチャーフォンの所有率は、増加の一途をたどっています。また、インターネットは、小学生でも9割超、中学生と高校生のほとんどが利用している状況にあります（図8-5-1）。

　インターネットには、犯罪を誘発する情報や、公序良俗に反する情報を掲載した有害サイトが多くあります。これらの違法・有害情報への接触が青少年の健全な育成に悪影響を及ぼさないよう、青少年が利用するスマートフォンやフィーチャーフォンには、保護者に対してフィルタリングの必要性を説明した上で、保護者の申し出がない限り有害情報へのアクセスをフィルタリングすることが法律[*2]で義務付けられています[*3]。

◎フィルタリングサービス

　有害情報フィルタリングサービスは、18歳未満の青少年がスマートフォンやフィーチャーフォンのWebサイト閲覧機能を利用して出会い系サイトやアダルトサイト等の有害情報にアクセスすることを、移動体通信会社側で制限するものです[*4]。インターネットのWebサイト等を一定の基準で評価判別し、違法・有害なWebサイト等を排除し、青少年がこれらのコンテンツを見ることができないようにしています。スマートフォンでは、Webサイトだけではなく、ゲームや動画、SNSへのアクセスも制限の対象とすることができます。有害情報フィルタリングサービスを利用することで、使用する機種によらず、青少年が有害情報にアクセスすることを防ぐことができます。

　一方、小学生の約3割はまだ自分専用の機器ではなく、親の機器を共用してインターネットへアクセスしています（図8-5-2）。この場合は、有害情報フィルタリングサービスが適用されないので注意が必要です。親の機器に対して個別にフィルタリングサービスを適用する、使用時に傍で見守る、使用後に履歴を確認する、といった対策が必要となります。

＊2：『青少年インターネット環境整備法』（平成20年法律第79号）同法については9-3を参照してください。

＊3：都道府県によっては、青少年の所有するスマートフォンやフィーチャーフォンのインターネットアクセスについて、親権者による同意の有無に関わらずフィルタリングするよう、条例で義務付けています。

＊4：青少年の契約時にフィルタリングサービスの利用を申し込まない場合や利用を解除する場合は、親権者（保護者）の同意が必要となります。

◎フィルタリングの方式

　フィルタリングの方式には、ホワイトリスト方式とブラックリスト方式の2種類があります。ホワイトリスト方式は、青少年にとって安全で有益と思われるWebサイトのみアクセスを可能とし、それ以外のWebサイトへのアクセスを制限する方式です。一方、ブラックリスト方式は、原則としてすべてのWebサイトにアクセス可能ですが、青少年に有害と思われる特定のWebサイトへのアクセスだけを制限する方式です。また、夜間から早朝にかけてすべてのインターネットアクセスを停止する等、時間帯で制限する方式もあります。現在、移動体通信会社では、いずれかのフィルタリング方式を導入しており、その利用を強く推奨しています。ただしスマートフォンに関しては、無線LANを使用して移動体通信会社以外のISPと接続した場合、移動体通信会社に登録したフィルタリング機能を利用できなくなるので、注意が必要です。

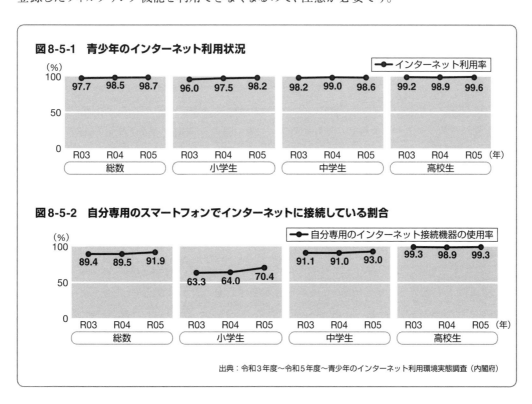

図8-5-1　青少年のインターネット利用状況

図8-5-2　自分専用のスマートフォンでインターネットに接続している割合

出典：令和3年度～令和5年度 青少年のインターネット利用環境実態調査（内閣府）

8-6

スマートフォンのセキュリティ
スマートフォンのセキュアな使い方を知ろう

スマートフォンは汎用OSを使用しており、ユーザが自由にアプリケーションプログラムをインストールできます。一方で、正しく使用しないと、悪意のある第三者が作成したプログラムをインストールしてしまう危険性も高まっています。スマートフォンを利用する場合は、スマートフォンの特徴に合わせた対策が必要になります。

◎セキュリティ環境の特徴

IPA(情報処理推進機構)が実施した調査[*5]によると、スマートフォンでは6割程度のユーザがOSやアプリケーションの更新、正規のマーケットプレイス以外からのインストール制限といった対策を実施していますが、ウイルススキャンが4割程度、リモートワイプを実施しているユーザが3割程度等、パスワードロック以外のセキュリティ機能が十分に活用されていないことが明らかになっています。

また、スマートフォンをセキュアに(安全に)使うためには、盗難や紛失に対する予防策を講じなくてはなりません。スマートフォンには重要な情報が数多く保存されることが多いので、万一盗まれたり紛失したりした場合には、「情報が流出する」、「重要情報を利用できない」、「情報を改ざんされる」といった情報セキュリティ上の問題を引き起こす可能性があります。そのため、盗難・紛失を想定して必要な対策とそのための準備(設定やサービスへの加入)を行い、盗難・紛失発生時の被害を最小限に止めるための対策を講じることが推奨されます。

スマートフォンにおける様々なリスクに対応するためには、スマートフォンの長所や短所を理解したうえで、「8.3 セキュリティの機能、サービス」で紹介した機能等、複数の機能を組み合わせて対策することが重要です。

[長所]

・移動体通信会社から提供されるものだけではなく、様々なセキュリティ対策プログラムの中から、自分の利用方法にあった対策機能を選ぶことができる。

・企業や組織で利用する場合、その組織で決めたセキュリティポリシーを強制的に全端末に適用する等、各個人のモラルに頼らない高度なセキュリティ対策を実装できる。

---

*5 :「2020年度情報セキュリティに対する意識調査【脅威編】」2021年 独立行政法人情報処理推進機構
https://www.ipa.go.jp/security/economics/ishikichousa2020.html

[短所]

・ITに苦手意識を持っていたり、セキュリティ意識の必要性を認識していなかったりするユーザ
が多く、攻撃の対象になりやすい。

・インターネットアクセスの機会が多く、常に脅威にさらされている。

・悪意のあるユーザが作成した不正プログラムが多数存在する。

◎スマートフォン利用におけるリスクと対応策

　スマートフォンをセキュアに利用するには、上記のような長所と短所を踏まえてリスク分析を
行うなど、適切な対応が求められます。スマートフォンには、重要な情報が格納され、また、汎
用OSを使用し誰でもアプリケーションプログラムを作成できること等から、セキュリティ修正の
適用やマルウェア対策等、パソコンと同様のセキュリティ対策が必要となります。

　マーケットプレイスに登録されたマルウェアをユーザが気づかずにインストールしてしまうと、
管理者権限が奪われ、情報漏えいをはじめとしたセキュリティ事故につながります。また、アプ
リの動作とは無関係な情報を窃取するといった例も多々報告されています。こういったセキュリ
ティ事故を防ぐためには、ユーザ自身がセキュリティリスクを回避・低減するよう心掛けることが
大切です。

　ユーザが認識しておくべきこれらのリスクと対応策の例を、表8-6-1に示します。

表8-6-1　スマートフォン利用におけるリスクと対応策

	セキュリティ上の脅威	対策
ハードウェア （本体、SIMカード、メモリカード等）	盗難・紛失	端末ロック、リモートワイプ、端末の暗号化、ストラップの着用等
OS、アプリケーション	悪意のあるアプリケーションによる攻撃	マルウェア対策ソフトウェアの導入、正規のマーケットプレイス以外からのインストール制限、アプリケーションの導入時および実行時の実行権限確認、バックアップ等
	OSやアプリケーションの脆弱性を狙った攻撃	OSやアプリケーションの最新化、不要な機能の停止等
	迷惑メール、スパムメール	迷惑メール対策サービス（8-4参照）、メールの利用制限等
	悪意のあるサイト	フィルタリングサービス（8-5参照）等
ネットワーク	通話の盗聴	利用場所等の使用ルールの策定
	データ通信の盗聴	公衆無線LANの利用制限、通信経路の暗号化、Bluetooth機能の利用制限等

第9章

モバイルに関する
基本的な法制度・関連知識

スマートフォン等モバイル端末機器は、その種類、提供されるサービス共に年々豊富になっており、機能も増え複雑化する傾向にあります。

このような状況において、ユーザがスマートフォン等を安全に、安心して使うための基礎知識、その背景となる法制度等の知識を修得することが、モバイル技術の基礎を学ぶ方、モバイルに関する実務を担う方にとってますます重要になってきています。

本章では、消費者保護や関連する法制度、実務に必要な基礎技術知識を中心に学習します。

9-1

通信業界の法知識
電波法、電気通信事業法

◎『電波法』における「技術基準適合証明」

　『電波法』(昭和25年法律第131号)は、電波を公平かつ能率的に利用することにより、公共の福祉を増進することを目的とした法律です。この法律によると、モバイル端末などを日本国内で使用する場合、原則として電波法に定める技術基準を満たす必要があります。この技術基準を満たした機器には『技術基準適合証明(技適)』マーク(図9-1-2)がつけられています。スマートフォンの場合、設定画面に表示する機種が多く、取扱説明書に表示する方法が記載されています。海外から直輸入した端末やインターネットなどで販売されている海外規格の端末には、この技術基準を満たしていない端末機器もあり、これを使用すると電波法違反となるため注意が必要です。

◎『電気通信事業法』

　『電気通信事業法』(昭和59年法律第86号)は、電気通信事業者が公正に競争することによって、国民が安く、いろいろな電気通信サービスを受けることができるようにすることを目的としています。また、電気通信事業者がそのサービスを円滑に提供するためのルールや通信障害、自然災害への対応についても定められており、さらに、利用者の利益を保護するために、苦情や相談への対応、消費者トラブル防止などのルールについても定められています。

◎電気通信事業法の消費者保護ルールに関するガイドライン

　このガイドライン(平成28年3月、令和4年9月最終改定)は、電気通信事業のサービスを利用する消費者の保護を目的とし、電気通信事業者及びその代理店が守るべき指針として、電気通信事業法とそれに関連する総務省令や趣旨をまとめたものです(図9-1-4)。令和元年9月の改定で「通信料金と端末代金の完全分離」「行き過ぎた囲い込みの是正」などが盛り込まれましたが令和4年には、電話勧誘時の説明義務の厳格化、禁止行為規制の拡充(遅滞なく解約できるようにするための適切な措置を講じないことの禁止、解約時に請求できる金額の制限)を行っています。

図9-1-1　電波法　第1条（目的）

この法律は、電波の公平且つ能率的な利用を確保することによって、公共の福祉を増進することを目的とする。

図9-1-2　技適マーク

図9-1-3　電気通信事業法　第1条（目的）

この法律は、電気通信事業の公共性に鑑み、その運営を適正かつ合理的なものとするとともに、その公正な競争を促進することにより、電気通信役務の円滑な提供を確保するとともにその利用者等の利益を保護し、もつて電気通信の健全な発達及び国民の利便の確保を図り、公共の福祉を増進することを目的とする。

図9-1-4　「電気通信事業法の消費者保護ルールに関するガイドライン」の内容

(1) 契約前の説明義務について
(2) 書面交付義務について
(3) 初期契約解除制度について
(4) 苦情等の処理について
(5) 電気通信事業者等の禁止行為について
(6) 媒介等業務受託者に対する指導等の措置について
(7) 業務の休廃止に係る周知について

9-2

消費者保護の重要性
消費者保護と個人情報の保護

◎**消費者保護**

　スマートフォンの利用が広く普及し、機能やサービスが多様化する中で、消費者トラブルの内容も複雑化する傾向にあります。消費者が遭遇するトラブルは、正しい知識があれば十分に防止・対応できるものも多く、モバイル端末の契約にあたっては、予想外の高額請求につながる恐れのないように、キャリアショップや販売店は料金プランの条件や契約内容、使用方法等重要事項を事前に十分説明し、確認して頂くことが重要です。国民生活センター及び全国の消費者センター、総務省の電子通信消費者相談センターに寄せられる電気通信サービスに関わる消費者からの苦情や相談は、多種多様になっています。(表9-2-1)。

◎**個人情報の保護と管理**

　スマートフォン等の電話番号は個人別に付けられた番号の一例です。

　キャリアショップや販売店には、契約情報の登録や更新ができる移動体通信会社が用意した登録業務専用端末が設置されています。このような端末のアクセス権の管理は、情報漏えい防止のために非常に重要です。また、契約書類の保管や、本人確認のための書類のコピー、店舗独自の顧客台帳等の保管や閲覧権の管理にも十分な注意が必要です。

　個人情報に関する事故として、決められた運用ルールを守らず社員が持ち出した契約者情報を紛失したり、機器の誤操作によりユーザの個人情報が漏えいした事例が数多く報告されています。被害者に対して、当該企業が多額の補償金を支払ったケースも出ています。このような事故を起こした場合、その企業は金銭面のみならず、社会的な信用失墜により、経営に大きな影響を与えるほどの甚大な損害を被るリスクを背負うことになります。

◎**個人情報保護法**

　企業や行政機関等がその活動によって蓄積した個人情報の適正な管理を義務付け、個人の意に反して使用することを禁じる法律です。個人情報とは「個人に関する情報であって、当該情報に含まれる氏名、生年月日その他の記述、または個人別に付けられた番号、記号その他の符号、画像若しくは音声によって当該個人を識別できるもの」と規定されています。

　指紋や虹彩等の身体的特徴、パスポートや運転免許証など個人に割り当てられる公的な番号等も「個人識別符号」として、個人情報として扱われます。その他、病歴や犯罪歴等取り扱い

に特別な配慮が必要な情報は「要配慮個人情報」として、マイナンバーは「特定個人情報」とされ、個人情報よりも厳しい管理が求められています。

　一方、ビックデータ分析等、個人情報の利活用を目的とした仮名化や匿名化した「仮名加工情報」「匿名加工情報」の扱いについても規定されています。

　「個人関連情報」は、個人に関する情報で「個人情報」、「仮名加工情報」「匿名加工情報」のいずれにも該当しないものです。例えば、Cookieなどで集められたある個人の閲覧履歴、商品の購買情報、ある個人の位置情報などが「個人関連情報」です。

表9-2-1　チャネル別利用者からの苦情相談の傾向

MNO

項目	事例
勧められて事業者等を乗換/新規契約	・出張販売で料金が今より安くなると試算され携帯電話会社を乗り換えたが、販売員の強引な勧誘があり納得できない ・母と一緒に携帯ショップに出向き母のスマホを契約した。2台持ちをすると安くなると言われたが安くならない。説明不足だ
通信料金の支払（心当たりのない請求等）	・スマホの請求金額が高額で愕然。携帯電話会社に問い合わせると、海外に発信していることが判明したが心当たりがない ・4ヶ月前に携帯電話の契約を別会社へ変更したが、変更前の会社から心当たりのない請求が来ている。どうしたらよいか
事業者等の相談窓口の応対	・携帯電話ショップにずっと電話をかけているがつながらない。来店予約をしたいのに困っている ・7ヶ月前に解約したスマホにかかわる代金請求が未だ続いており困っている。通信会社に連絡したが、たらい回しにされる

MVNO

項目	事例
解約の条件・方法	・解約するために連絡しようとしたところ、電話がつながらず連絡が取れない。（データ通信専用） ・乗り換えのため解約を申し出たところ、高額な違約金を請求された。明細を希望したところ、高額な発行手数料を請求された。（音声通話付）
勧められて事業者等を乗換/新規契約	・契約時に説明書面を交付されなかった。（データ通信専用） ・他社から乗り換えると安くなると言われ契約したが、説明と異なる金額を請求された。（音声通話付）
通信料金の支払（心当たりのない請求等）	・申し込んでいないサービスの利用料まで請求された。（データ通信専用） ・月額2千円程度という説明を受けて、格安スマホを契約したが、4千円近い金額の請求が来ている。（音声通話付）

FTTH

項目	事例
勧められて事業者等を乗換え	・5月に電話後、訪問されネット回線契約を乗換え先月開通。説明額より高額で業者は消費税の差と言う。最初の説明額にしてほしい ・2年前に料金が安くなるので光回線を乗換えないと電話勧誘され契約。最近料金が安くなっていないことに気が付いた
解約の条件・方法（解約料等）	・光回線の解約を申し出た。事前に電話で確認した以上の費用を請求され納得できない ・先月中旬、大手通信事業者から光回線サービスの卸売を受けた事業者による光回線サービスの解約を申し出て受理をしてもらったのにも関わらず、解約をしてもらえなかったことが不満
ネットワークの品質	・ゴールデンタイムにインターネット回線速度が著しく落ちるのが半年ほど続いている ・毎日決まった時刻から急激な速度低下が発生する

2022年度消費者保護ルール実施状況のモニタリング（評価・総括）2023年7月総務省　一部改

9-3

消費者保護関連の法規
安心・安全のための法規を幅広く理解しよう

◎携帯電話不正利用防止法[*1]

振り込め詐欺[*2]等の携帯電話の不正利用を防止するため、モバイル端末(SIMカードを含む)について契約者の本人確認を義務付けるとともに、無断で譲渡する等を禁止した法律です(図9-3-1)。特徴的なのは、契約時だけでなく個人間での受け渡しを含む譲渡時についても、移動体通信事業者による本人確認を義務付けていることです。また、通信事業者の承諾を得ていない第三者へ譲渡や貸し出しも罰則の対象としています。

しかし実際には、新規契約時に既存の契約回線を、通信事業者に無断で知人に貸し出したり転売する等の事例が発生しており、ユーザへの周知・啓発が必要な状況にあります。

◎製造物責任法[*3]

製造物の欠陥により、人の生命・身体や財産に被害が生じた場合における、製造者等の損害賠償責任を定めた法律です。PL(Product Liability)法とも呼ばれています。

この法律では、製造業者等が、自ら製造、加工、輸入し、引き渡した製造物の欠陥により、他人の生命、身体又は財産を侵害したときは、ユーザの過失の有無にかかわらず、これによって生じた損害を賠償する責任があることを定めています。ここで言う欠陥とは「その製造物が通常有すべき安全性を欠いていること」とされており、欠陥には、設計上の欠陥、製造上の欠陥、指示・警告上の欠陥があります。(図9-3-2)

製造物責任法は、このような事故に対して円滑かつ適切な被害救済に役立つ法律です。

◎特定商取引法[*4]

特定商取引法は、事業者による違法・悪質な勧誘行為等を防止し、消費者の利益を守ることを目的とする法律です。具体的には、訪問販売や通信販売等の消費者トラブルを生じやすい取

---

*1 : 正式な法律名は『携帯音声通信事業者による契約者等の本人確認等及び携帯音声通信役務の不正な利用の防止に関する法律』(平成17年法律第31号)

*2 : 被害者に対面することなく、現金を犯人等の管理する預貯金口座に振り込ませるなどをし、お金をだまし取る匿名性が高い知能犯罪。オレオレ詐欺、架空請求詐欺、融資保証金詐欺及び還付金等詐欺の類型がある。

*3 : 平成6年法律第85号

*4 : 正式な法律名は『特定商取引に関する法律』(昭和51年法律第57号)

*5 : 正式な法律名は『電子消費者契約に関する民法の特例に関する法律』(平成13年法律第95号)

9-3 消費者保護関連の法規

引類型を対象に、事業者が守るべきルールと、クーリング・オフ等の消費者を守るルール等を定めています。

◎電子消費者契約法（電子契約法）[*5]

Webサイト等を介した電子商取引における消費者救済を定めた法律です（図9-3-4）。民法では消費者に重大な過失があった場合、本人の意に反するものであっても契約は成立するとされていますが、この法律では「事業者が契約内容の確認画面を用意するなどの適切な措置を講じていない場合は、契約を無効にできる」と定めています。例えば、消費者が通販サイトで、購入個数を"1"とすべきところを、誤って"11"と入力ミスをして「購入」ボタンを押したところ、直ち

図9-3-1　携帯電話不正利用防止法の主な規定事項

・移動体通信会社に、契約者の携帯電話契約締結時、および譲渡時に、契約者の本人確認を義務付ける。
・携帯電話のレンタル業者に対しても、契約者の本人確認を義務付ける
・本人確認の際に、契約者が虚偽の氏名等を申告した場合は処罰の対象とする。
・自己が契約者となっていない通話可能な携帯電話等を譲り渡し又は譲り受けることはできない
・携帯電話が犯罪に利用された場合は、警察署長からの求めを受け、移動体通信会社が契約者の確認を行うことができる
・事業者は、契約者が本人確認に応じない場合、サービス提供を拒否することができる

図9-3-2　製造物責任法の主な規定事項

主に以下のような欠陥への損害賠償責任と、製造者等への回避義務が規定されている。

・設計上の欠陥 ―――― 製造物の設計段階で十分に安全性に配慮しなかったために生じる欠陥。
・製造上の欠陥 ―――― 製造物の製造過程で材料や工程に起因して生じる欠陥。
・指示・警告上の欠陥 ― 消費者へ使用方法や使用上の注意を示さなかったために生じる欠陥（事故）。

図9-3-3　特定商取引法の概要

消費者保護を目的として、対面販売を除く商取引（特定商取引）全般に関して規定した法律。
電子商取引においては、誤認しやすい画面設計等を用いて消費者の意図しない契約行為を行わせる行為を行政処分の対象としている。クーリングオフ等もこの法律で規定されている。

図9-3-4　電子契約法の概要

民法の消費者責任に関する規定を補完するための法律。
インターネット等を通じた電子商取引について事業者が契約内容の確認画面等の適切な措置を講じていない場合等に、消費者側から契約を無効にすることができることを規定している。

次頁へ

に「お買い上げありがとうございました」という表示が出て、操作ミスを回復できなかったとします。この場合、サイトに申込み確認画面がなく、ミスで入力してしまった申込み等への対策が講じられていないことを根拠として、無効を主張できます。

◎出会い系サイト規制法 [*6]

インターネット異性紹介事業者の運営するサイト（いわゆる出会い系サイト）を利用した児童買春等の犯罪被害から、18歳未満の児童を守る法律です。児童を相手方とする異性交際を求める書き込み、性行為や援助交際へ児童を誘う書き込みを出会い系サイトに行うことが禁止されました。

◎青少年インターネット環境整備法 [*7]

青少年（18歳未満）の健全な育成を著しく阻害する有害情報から、青少年を守ることを目的とした法律です（図9-3-5）。インターネット接続サービスを提供する移動体通信会社（携帯電話インターネット接続役務提供事業者等）に対して、利用者が青少年の場合には、保護者が不要と申し出ない限り、フィルタリングサービスを適用するよう義務づけています。また保護者に対しては、使用者が青少年である旨を、契約時に移動体通信会社に申し出るよう定めています。青少年がSNSをきっかけに犯罪に巻き込まれる例が増えています。また青少年によるSNSの発信が侮辱罪に相当する犯罪になってしまうという例もあります。利用者が青少年の場合、そのような注意喚起をすることも必要です。

◎迷惑メール防止法（特定電子メール法） [*8]

この法律は、無差別かつ大量に短時間の内に送信される広告等の迷惑メール、チェーンメール等（特定電子メール）を規制し、インターネット等を良好な環境に保つために施行されました（図9-3-6）。受信することにあらかじめ同意した相手に対してのみ、広告宣伝メール等の送信が認められる「オプトイン方式」が導入され、同意のないメール送信は禁止されました。

◎景品表示法 [*9]

2023年10月、広告であることを隠して宣伝する「ステルスマーケティング」（ステマ）に対して、広告であることを明示する義務が課されるようになりました。ステマは、広告であることを明示

---

*6：正式な法律名は『インターネット異性紹介事業を利用して児童を誘引する行為の規制等に関する法律』（平成15年法律第83号）

*7：正式な法律名は『青少年が安全に安心してインターネットを利用できる環境の整備等に関する法律』（平成20年法律第79号）

*8：正式な法律名は『特定電子メールの送信の適正化等に関する法律』（平成14年法律第26号）

*9：正式な法律名は『不当景品類及び不当表示防止法』（昭和37年法律第134号）

*10：**UI**：User Interface

9-3 消費者保護関連の法規

していないため、消費者がその内容を信じて購入する、という問題がありました。まだ日本では法律によって規制されていませんが「ターゲティング広告」は、消費者の閲覧履歴などをもとに広告を提示する方法で、不要なものを購入させる可能性が生じます。EUでは未成年者に対し、この手法を使うことが禁止されています。他にも「ダークパターン」と呼ばれる事業者にとって有利な選択肢に誘導するようなUI[*10]とする、あるいは有利な選択肢をデフォルトにしておく、などネット広告で問題になりそうな手法もあります。

◎著作権法

著作権は、著作物についての著作者・著作権者の権利を守る法律です。「著作権」は文化の発展を目的とし、著作物、すなわち「思想又は感情を創作的に表現したものであつて、文芸、学術、美術又は音楽の範囲に属するもの」(著作権法第2条1項)の保護を図っています。
一方、著作権には制限もあり、利用者が正当に「引用」する場合や利用者の「私的利用」などが制限に該当します。またAIにおける機械学習で学習データとして使う場合も、著作物を著作者の許諾なく利用できます。
2022年以降、急速に普及した生成AIより、生成AIよる生成物とAIが学習した著作物の表現が類似するなどの問題が発生しており、それが著作権侵害になるのかどうか係争が懸念されます。

図9-3-5　青少年インターネット環境整備法の概要

青少年が安全に安心してインターネットを利用できるようにすることを目的とした法律。
青少年にインターネットを適切に活用する能力を習得させること、フィルタリングの普及促進等により青少年の有害情報の閲覧機会を最小化すること、民間の関係者の自主的・主体的な取組を政府が支援することを基本として、インターネット関係事業者に義務等を課すとともに、保護者やインターネットの利用者が、青少年を有害情報から守る取組を求めている。

図9-3-6　迷惑メール防止法(特定電子メール法)の概要

迷惑メール防止対策として、特定電子メール(受信者の同意を得ずに送信される広告宣伝メール)の送信の適正化のための措置等を定めた法律。
この法律では、特定電子メール送信者に、定められた事項(「未承諾広告」、「送信者の氏名、住所」、「受信拒否を受けるための電子メールアドレス」等)の表示を義務付けている。また、受信拒否者への再送信禁止、送信者情報を偽った送信の禁止等についても規定している。

9-4

セキュリティ関連法制度
不正アクセス禁止法、電子署名法、AI事業者ガイドライン

　ここでは、本章で触れたセキュリティリスクやセキュリティ対策に関連する重要な二つの法律と一つのガイドラインについて解説します。

◎不正アクセス禁止法[*11]

　ネットワークにおいて、他人のIDやパスワード等の認証情報を使用してコンピュータにアクセスする、本来自分に認められていない操作ができるようにする等の行為（不正アクセス）を禁止する法律で、なりすまし行為等を規制しています。

　この法律の概要を、図9-4-1に示します。

◎電子署名法[*12]

　インターネットを利用した電子商取引、電子申請等のやりとりが増加しています。ここでは情報の受信者と発信者がそれぞれ本当に本人なのか、情報が途中で改変されていないかを確認する必要があります。そのための有効な手段が暗号技術を応用した電子署名及び認証業務です。

　電子署名法は、電子署名が、自筆の署名や押印と同等の法的効力を持つこと、および特定認証業務に関する認定の制度を定めた法律で、電子署名の円滑な利用と電子商取引をはじめとするネットワークを利用した社会経済活動の一層の推進を図ります。

　この法律の概要を、図9-4-2に示します。

◎AI事業者ガイドライン

　「AI事業者ガイドライン」では、人間中心の基本理念を基に、安全性、公平性、プライバシー保護、セキュリティ確保、透明性、アカウンタビリティなどの観点から、AIの開発者、提供者、利用者が守るべき内容を規定しています。

　全ての事業者が守るべきこととして、偽情報等への留意、適正学習、バイアスへの配慮、AIを利用していることの表示などを求めています。さらに、開発者にはリスクの低減などを、提供者にはプライバシーの保護、欠陥や誤操作への対応を、利用者にはAIが提供する情報の適切な判断、個人情報の不適切な入力防止が求められます。

9-4　セキュリティ関連法制度

図9-4-1　不正アクセス禁止法

●概要

ネットワークを通じて行われるコンピュータへの不正アクセス（侵入）行為を禁止した法律。
この法律では、不正アクセス行為として、主に次の行為を禁止しています。また、違反者は処罰の対象となります。
・他人のIDやパスワード等の認証情報を用い、アクセス制限されているサーバやシステムに不正侵入するなりすまし行為
・セキュリティが脆弱な箇所を攻撃し、プログラムを不正利用する行為
上記のほか、他人のIDやパスワード等の識別符号を無断で第三者に提供（流出）する行為も、「不正アクセス行為を助長する行為」として、禁止されています。

図9-4-2　電子署名法

・電磁的記録の真正な成立の推定（第三条）
　本人による一定の電子署名が行われているときは、真正に成立したものと推定する。つまり、そのような電子文書は、本人の手書署名・押印がある文書と同様、本人の意思に基づき作成されたものと推定される。
・特定認証業務の認定
　電子署名が本人のものであること等を証明する業務が認証業務である。認証業務のなかで、解読に一定の困難性を有する暗号方式を用いるなど一定の基準に適合する電子署名について行われる認証業務を特定認証業務という。

---

*11：正式な法律名は『不正アクセス行為の禁止等に関する法律』（平成11年法律第128号）

*12：正式な法律名は『電子署名及び認証業務に関する法律』（平成12年法律第102号）

9-5

スマートフォンの安全な利用
発熱、発火でけがをしないために

　スマートフォンやタブレットなどのモバイル機器は、使い方によっては発煙・発火やけがなどにつながるおそれがあります。ユーザに安全に使っていただくために、モバイル業界にいる人、モバイル業界を目指す人が知っておくべきことを紹介します。

◎飲料水等の付着による充電コネクタの発熱・発煙

　充電コネクタに飲料水や汗などが付着すると、内部ショートが発生し、コネクタ部が発熱・発煙し、触れるとやけどする場合があります。

◎充電コネクタの破損による発熱・発煙

　充電コネクタが破損・変形すると、コネクタ部が発熱・発煙し、触れるとやけどする場合があります。これは充電コネクタに力がかかると、充電コネクタの金属部分が曲がって内部の端子ピンとショートし、これによって、スパークが発生したり、ショート部分の発熱・発煙が起こることがあるためです。

◎スマートフォンの発熱

　スマートフォンの充電中や使用中、本体の発熱により長時間触れると低温やけどをすることがあります。

　「低温やけど」とは、体温より少し高めの温度（44℃～50℃）のものに長時間触れ続けることによって起きるやけどです。スマートフォンを充電したり、動作させると、内部の温度が相当高くなります。内部の発熱については、本体表面からの放熱により、やけどをするような温度にはならないように設計されていますが、高温環境での使用やポケットに入れっぱなしにするなど本体表面が覆われた状態にすると、放熱が十分に行われず、本体温度が通常よりも高くなり、長時間触れていると低温やけどにつながる場合があります。

◎電池の発煙・発火

　スマートフォンに強い力が加わり、内蔵電池が変形・破損すると、発煙・発火することがあり

---

*13：Product Safety of Electrical appliance and material

ます。スマートフォンで使われる内蔵電池（リチウムイオン電池）の内部は、＋極と−極をセパレータ（絶縁膜）で隔離する構造となっています。もし、外部からの強い圧迫や衝撃によってセパレータが破損すると、電極間のショートが発生し発煙・発火することがあるためです。

消費者庁は、モバイルバッテリーに関する事故増加を受け、消費者への注意喚起「モバイルバッテリーの事故に注意しましょう！」を公表しました。

◎PSEマーク[*13]

モバイルバッテリーは電気用品安全法の規制対象となっています。したがってモバイルバッテリーが所定の技術基準等を満たしていることが確認され、PSEマークおよび届出事業者の名称などが表示された商品でなければ国内での販売はできません。

モバイルバッテリーを購入する場合には、PSEマークが表示されていることを確認する必要があります。バッテリーが小さく本体に表示出来ない場合、パッケージ（外装箱等）に表示することも認められています。

◎モバイル充電安全認証ロゴ

MCPCでは、「モバイル充電安全認証」を行っています。

モバイル充電安全認証とは、MCPC所定の試験に合格した製品（充電アダプタ、モバイルバッテリー、充電ケーブルなど）に対して、その製品が本認証に準拠していることをMCPCが認めるものです。合格した製品は、当該製品に対してモバイル充電安全認証ロゴを使用することができ、ユーザはその製品がMCPCの定める基準に適合しているということを明確に知ることができます。MCPCのモバイル充電安全認証ロゴも安全な製品を見極める目安となります。

図9-5-1　PSEマーク　　　　　図9-5-2　モバイル充電安全認証ロゴ

9-6

番号ポータビリティ（MNP）
MNPの基本的な考え方を学ぼう

電話番号を変えることなく利用する移動体通信会社を変更する制度を番号ポータビリティ、またはMNP（Mobile Number Portability）といいます。

電話番号が変わってしまうために他の移動体通信会社に変更することをためらっていた契約者や、自分にあった様々なサービスを利用してみたいというユーザが、MNPを利用することで希望の移動体通信会社に変更しやすくなります。

◎MNP利用の際の注意点

番号ポータビリティを実施すると、現在契約している移動体通信会社の契約は解除（解約）となり、新たに契約する移動体通信会社と契約（新規契約）することとなるため、次のポイントに注意が必要です。

・現在契約している移動体通信会社が提供しているサービス（料金プラン・割引サービス等）は、解約とともに終了となる。

・コンテンツプロバイダが提供しているコンテンツや電子マネー等は、引継ぎできない場合がある（コンテンツプロバイダとのサービス利用契約は、解約となることがほとんどである）。

・年間契約等の割引サービスを契約している場合は、解約に伴い、契約解除金等別途費用が発生する場合がある。

・SIMロックがかけられている場合は、SIMロックの解除、または変更後の移動体通信会社から発売されているスマートフォン等が必要となる。

◎MNPの手続き方法

MNPの手順には、ワンストップ方式（新）とツーストップ方式（従来）があります。

1. ワンストップ方式

MNP手続の円滑化のため、2023年5月から「MNPワンストップ申請」が始まっています。MNPワンストップ申請では、新たに契約をする携帯会社へ申し込むだけで、MNPの手続きが行えるようになります。ただし、MNPワンストップ申請は、Webで申し込む必要があり、ショップでの申し込みには未対応です。また、現在契約している移動体通信会社及び新たに契約する移動体通信会社がMNPワンストップに対応している必要があります。

2. ツーストップ方式

ツーストップ方式の手続きの流れを図9-6-1に示します。

① 現在契約している移動体通信会社でMNP予約番号を取得する。この手続きは、Webサイトや電話(カスタマセンタ)、あるいはキャリアショップ等で申し込むことができる。

② MNP予約番号を持って、変更後のキャリアショップで新規に契約する。なお、その際は新規契約となるので、本人確認が必要となり契約事務手数料が必要となる。

MNP予約番号は、予約当日を含めて15日間が有効期限です。ただし、期限が切れてしまっても再発行は可能です。転出先の移動体通信会社によっては、有効期限が何日か残っている必要があります。

◎メールアドレスの持ち運び

従来、移動体通信会社を変更した場合、移動体通信会社が発行したメールアドレスを引き継ぐことが出来ませんでした。

NTTドコモ、KDDI、ソフトバンク、楽天モバイルなどでは、「キャリアメール」と呼ばれる携帯電話のメールアドレスを、契約を他社に乗り換えた後もそのまま継続して使えるサービスがあります。

移転元会社の携帯電話回線の解約後、「キャリアメール」を継続して利用できる"持ち運び"サービスを利用することになります。

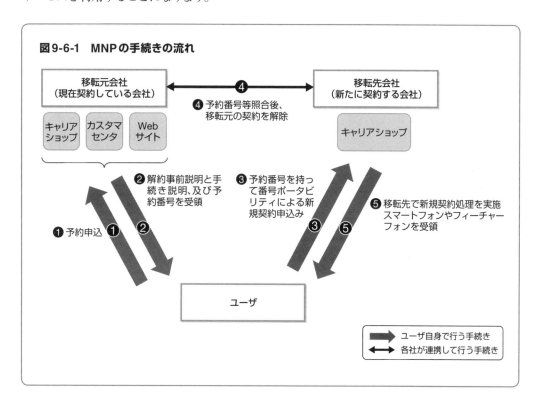

図9-6-1　MNPの手続きの流れ

9-7

SIMロックとSIMロック解除
端末選びの自由度拡大に伴う注意事項

　携帯端末は、「SIMカード」を挿すことで、通話／通信ができるようになります。このSIMカードには、電話番号などの加入者情報が記録されています。移動体通信会社は、SIMカードによって携帯端末と移動体通信会社をヒモ付けし、通信サービスを提供します。

◎SIMロック

　移動体通信会社から販売された端末には、その移動体通信会社が契約したSIMカードしか受け付けないというプロテクトが掛かっていて、これを「SIMロック」と呼んでいます。すなわち、移動体通信会社A社が販売した端末は、A社が契約したSIMカードしか受け付けず、B社のSIMカードを使いたい、と思っても使えません。

◎SIMロック解除の要望

　MNPを利用して移動体通信会社を変更すると、変更した移動体通信会社から販売されている端末を買い直さなければいけません。新たに端末を買い直すことなく、これまでの端末を引き続き使用したい、海外渡航時に渡航先の移動体通信会社のSIMカードを日本から持っていった端末に差し込んで使用したいなど、「SIMロック」を解除して欲しい、という要望がユーザから出てきました。

　総務省は2017年1月に『モバイルサービスの提供条件・端末に関する指針』を策定、その中で『移動端末設備の円滑な流通・利用の確保に関するガイドライン』（表9-7-1）を公表し、移動体通信会社は利用者の求めに応じて「SIMロック解除」に応じなければならない、とし、さらに令和3年（2021年）8月の改正で、同年10月以降に販売する機種については「SIMロックを原則禁止する」としました。

◎SIMロックとSIMロック解除のメリット

　前述したような「SIMロック」を当初から設定しない端末を「SIMフリー端末」と呼びます。また携帯端末販売後にSIMロックの設定を無効化することを「SIMロック解除」といいます。SIMフリー端末、SIMロック解除により、利用者はMNO、MVNOを問わず移動体通信会社を自由に選ぶことができ、事業者間の競争が促進される結果、安価で良いサービスの提供につながることが期待されています。

9-7　SIMロックとSIMロック解除

表9-7-1　「移動端末設備の円滑な流通・利用の確保に関するガイドライン」

項目	主な内容
1. 趣旨	SIMロックなどについての考え方を整理して示す
2. 用語の定義	・SIM 　移動体通信会社との間で各種移動通信アクセスサービスなどの提供を内容とする契約を締結しているユーザを特定するための情報（プロファイル）を記録した電磁的記録媒体 ・SIMロック 　特定の移動体通信会社に係るプロファイルが記録されたSIMに対してのみ動作するよう設定された端末上の制限 ・SIMロック解除 　あらかじめSIMロックが設定された端末について、当該端末の販売時までに、又は販売後にSIMロックの設定を無効化すること
3. 端末の流通・販売の制限等の禁止	移動体通信会社が、端末の流通・販売を行う者に対して、正当な理由なく、その流通・販売を制限したり、販売価格や販売価格の値引き額を実質的に指示することは、業務改善命令の対象になることがある
4. SIMロックについての基本的な考え方	SIMロックは、移動体通信会社の変更や併用による他の移動体通信会社の利用（海外渡航時の利用を含む）を妨げ、利用者の利便を損なう。また、契約の締結や変更のコストが上がり、料金やサービス内容の差別化による移動体通信会社間の競争を妨げる。このため、移動体通信会社が正当な理由なくSIMロックを設定したり、既に設定したSIMロックを解除しないことは、業務改善命令の要件に該当する。したがって、移動体通信会社は、SIMロックについて、以下に示すところにより対応することが求められる
5. SIMロックの原則禁止	従来のガイドラインは「SIMロック」がかかっていることが前提であったが、このガイドラインでは「SIMロック」をかけることを原則禁止している
6. 例外的にSIMロックの設定が必要と認められる場合の対応	分割払いで端末を購入する際、不払いのリスクがあると判断され、他のリスク回避方法では不十分であることを、総務省の確認を得ることにより、例外的に、SIMロックを設定することが認められる場合がある。その際は、 ①移動体通信会社内での事前の十分な検討を行い、 ② 総務省の確認を得るための必要資料を準備し、 ③ 総務省による確認を得る。 総務省は必要に応じ、有識者の意見を聴取する
7. 移動端末設備の円滑な流通・利用の確保に関する留意点	移動体通信会社は、店頭での説明、パンフレットやホームページへの掲載等により利用者が以下の情報を理解できるよう情報提供に努める ・SIMが変更された場合、通信サービス、アプリケーション等の利用の全部又は一部が制限される可能性があること ・対応している周波数帯及び通信方式 ・ユーザがSIMを変更し、技術基準等に適合しない端末を使用することのないようにすること
8. 本ガイドラインの適用等	・令和3年（2021年）10月1日以降に発売された端末は原則SIMロックをかけることを禁止する。10月以降に発売されるスマートフォンは全て、原則SIMロックがかかっていない状態で販売される ・令和3年（2021年）11月1日以降、SIMロックが設定されているか否かを利用者がインターネットや電話による簡易な方法により確認することができる手段を設ける ・令和4年（2022年）5月1日からSIMロック解除を終日（24時間）受け付ける。また原則として、遅くとも翌日までに解除を完了できるように対応する ・令和5年（2023年）10月1日から全てのSIMロック解除手続きを無料で受け付ける

第9章　モバイルに関する基本的な法制度・関連知識

次頁へ

◎SIMロック解除の注意点

さらに、最近では「海外で販売されているSIMロック解除されたスマートフォンやフィーチャーフォンを購入して使用したい」という要望も出てきましたが、モバイル端末は無線機であることから、日本国内で使用できるのは、電波法が定めている技術基準に適合していることを証明するマーク「技適マーク」が表示されたものだけです。それ以外の端末を使うと電波法違反となってしまいますので、気をつけなければなりません。今後、SIMロックを解除した他社ブランド、メーカブランド、海外メーカ端末等のスマートフォンやフィーチャーフォンの増加が予想されます。より快適なサービスを選択するためにも、SIMロック解除に対する正しい知識が重要となってきます。

◎eSIMの促進

eSIMとはEmbedded SIMの略で、スマートフォンに内蔵されたSIMです。従来のSIMカードは、取り付け、取り外し可能なICカードですが、eSIMは、SIM機能が端末に組み込まれています。

総務省では、令和3年8月「eSIMサービスの促進に関するガイドライン」を策定し、「eSIM」の促進に関して、移動体通信会社が留意すべき点などをまとめています。このガイドラインでは、MNOに対して、eSIMの速やかな導入を促し、またMVNOのeSIM提供に向けた「リモートSIMプロビジョニング（RSP）機能」（オンラインで加入者情報などを端末に書き込む等を行うための機能）の開放などを求めています。

◎SIMロック以外の制限事項

「移動端末設備の円滑な流通・利用の確保に関するガイドライン」では、スマートフォン端末に関する機能制限として、"対応バンド"と呼ばれる「端末の対応周波数帯の制限」に関して規定しています。たとえば、同じ機種のスマートフォンであっても、販売する移動体通信事業者によって端末が対応する周波数が異なる場合があります。この場合、SIMロック解除を行って、別の通信事業者と契約し端末を利用しようとしても通信できません。対応周波数の制限に関して、ガイドラインでは移動体通信事業者が端末をメーカから調達する際、メーカに対して周波数帯の制限などを求めることは、利用者の利便を損ない、また事業者間の競争を阻害する可能性があることから、このような行為は業務改善命令の対象となる、としています。

第 **10** 章

5G/IoT/AIの最新動向

本章では、まず、2020年からサービスが開始された第5世代移動通信システム（5G）について紹介し、通信事業者以外の主体が5G技術を利用して自ら構築できるローカル5Gシステムについて説明します。続いて、社会のデジタル化（DX：デジタルトランスフォーメーション）に欠かせないコア技術として普及が進んでいるモノのインターネット（IoT）の仕組みやIoTを用いたサービス、IoTデバイスの概要を解説します。さらに、IoTと5Gによって生み出され、集められたデータを分析し、様々な社会課題の解決等への活用が期待されている人工知能（AI）およびモバイルコンテンツやIoTの普及に必要な、プラットフォームの共通化についても解説します。

10-1
第5世代移動通信システム(5G)
最新のモバイル通信技術について学習しよう！

　スマートフォン、タブレット等の爆発的な普及で、モバイル通信のトラフィック(通信量)は急増し、2020年から2024年の4年間でおよそ4倍に膨れ上がって、今後も、増加傾向が継続すると予測されています。このような状況も含めた2020年代のモバイル通信に求められるさまざまな要求に応えるためさらなる高度なモバイル通信システムを提供する第5世代移動通信システム(5Gシステム)の導入が2020年から進められています。

　5Gシステムでは、これまで通信の中心的な存在とされてきたスマートフォンやタブレットによる通信の高速化、大容量化のみならず、システムの用途にあわせて多数のデバイスを用いるIoTに最適なシステムの展開や、通信上の遅延時間の短縮、信頼性の向上に重点をおいた通信サービスの提供にも対応しています。

◎第5世代移動通信システムの目的は？

　第4世代システムまでは、主に、フィーチャーフォン、スマートフォン、PC、タブレット等の使用を前提に、モバイル環境でのユーザの利便性向上のための通信の高速化、大容量化が進められてきました。それらをベースとする第5世代移動通信システムでは、システムの用途にあわせて下記の3つのシステム要求条件のそれぞれを満足する通信サービスが提供できるようになっています(図10-1-1)。

(1)超高速

　5Gシステムでは、下り最大20Gbps程度の高速回線の利用が可能となっています。これは、4Gの約20倍速いブロードバンドサービスを提供できるということであり、例えば、2時間の映画を3秒程度でダウンロードできる伝送速度の提供が可能になることに相当します。

(2)超高信頼・超低遅延

　豊かで成熟した社会の実現に向けて活用が期待されているロボットなど、遠隔地にある機器を正確かつ遅滞なく操作するためには、通信回線の信頼性の向上や伝送遅延のさらなる低減化が必要となる場合があります。5Gシステムでは、リモート環境での機器・設備の制御をリアルタイムで精緻に行うことができるように、信号を無線信号として伝送する際の伝送遅延を1ミリ秒程度にすることが技術的に可能となっており、通信事業者は、ネットワークやカバレッジの状況に応じて最適になるように運用しています。

(3) 多数同時接続

第5世代移動通信システムは、IoTでの利用を意識した要求条件も満足するように検討されています。例えば、センサのような多数のIoTデバイスが、1km^{2}当たり100万個の密度で同時にアクセスすることが可能になります。

◎利用分野、利用形態にあわせたレディーメード(好適)な通信サービスを提供

利用分野、利用形態にあわせて経済的に移動通信サービスを提供するため、3つのシステム要求条件それぞれに好適なシステム構成や新しい技術の適用が可能になっています。

第4世代システムでも用いられた伝送効率のよいOFDM方式を採用し、3.7GHz帯、4.5GHz[*1]帯に加えて28GHz帯などのより広い帯域幅で信号伝送が可能な高い周波数帯(ミリ波帯)の電波も利用できます。また、小型のアンテナ素子を多数集積して効率的な通信を実現するマッシブMIMOや超高速通信、超高信頼・低遅延伝送、多数同時接続それぞれに適した信号方式も用意されています。既に広く普及している既存の通信ネットワーク上に、第5世代移動通信システムを段階的に構成しながらネットワーク全体を効率的に高度化していくことも可能です。

国内では2020年から移動体通信業者によるサービス提供が始まっており、早期の全国規模での多様なサービス提供を目指したシステム展開が進められ、5Gの特長を活かした高速通信や産業利用などの新しいサービスの提供が始まっています。また、多様なサービス需要に応えるための上りの通信速度向上のための制度整備なども行われています。

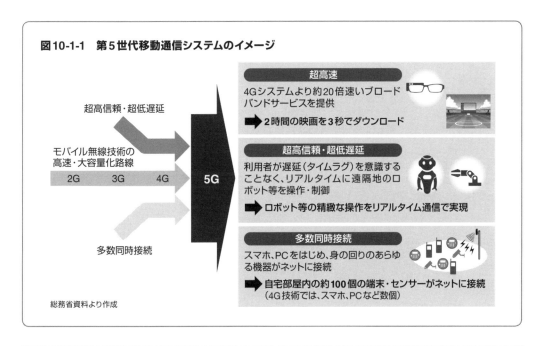

図10-1-1　第5世代移動通信システムのイメージ

*1：ここでは、それぞれ、3.6-4.1GHZ、4.5-5.0GHz帯の範囲の総称として使っています。

10-2

ローカル5Gシステム
企業や自治体が導入する自営の5G通信を知ろう

　ローカル5Gは、移動体通信事業者による全国向け5Gサービスとは別に、地域の社会課題解決など地域や産業の多様な個別のニーズに応じて、企業や自治体等の様々な主体が自らの建物内や敷地内でスポット的に柔軟にネットワークを構築し利用できる第5世代移動通信システム（以下、5Gシステム）です。

◎ローカル5Gの特徴

　移動体通信事業者によって提供される5Gサービスが、全国規模で均質・安定な通信サービスを経済的に提供できるのに対して、ローカル5Gでは、地域や利用主体の使用用途に応じて必要となる性能を柔軟に設定して利用することが可能です。特徴としては、移動体通信事業者のエリア展開が遅れている地域で先行してシステムが構築できる、他の場所で発生した通信障害や災害などの影響を受けにくい、無線LANと比較して無線局免許に基づく安定的な利用が可能などです。

　図10-2-1にローカル5Gを活用した主なユースケースを示します。建設現場では、高性能カメラを取り付けた無人の建設機械を、熟練の作業員がモニタを見ながら遠隔操作を行い、安全でスピーディな作業が可能となります。スマート工場では、産業用無人ロボットを遅延なく制御可能であり、また多数の走行中の自動搬送車が互いに場所を検知しながら追突することなく走行します。その他、農場における農作物や農機具の管理、自治体による河川やインフラの監視への導入等、様々な分野・業界でローカル5Gの実証実験や実際に無線局免許を受けての利活用が始まっています。2023年8月末現在、148の免許人が公表されています。

◎ローカル5Gの利用周波数と導入スケジュール

　ローカル5Gは、4.5GHz帯及び28GHz帯の内、全国向け5Gサービスに利用される周波数とは別に用意された一部の周波数を利用します。このうち28.2GHz-28.3GHzの100MHz幅については先行して2019年度に制度化され、2020年に4.6-4.9GHz帯と28.3GHz-29.1GHz帯の利用を可能とする制度化が行われました。あわせて、スマート工場、スマート農業、建機の遠隔制御や河川の遠隔監視など、多様なシーンで活用の広がりが期待されています（図10-2-1）。

◎ローカル5Gの設置・運用形態

ローカル5Gは、「自己の建物内」又は「自己の土地内」での利用を前提としています。そのため無線免許の取得については、建物や土地の所有者自らあるいは建物や土地の所有者から依頼を受けたものが個々に免許を申請し、システムを構築します。移動体通信事業者によるローカル5Gの免許取得はできませんが、システム構築のための支援は行うことができます。

なお「他者の建物又は土地」等での利用は当分の間、一定の条件の範囲で固定通信の利用（原則として無線局を移動させずに利用する形態）に限定されます。図10-2-2にローカル5Gの設置・運用形態のイメージを示します。

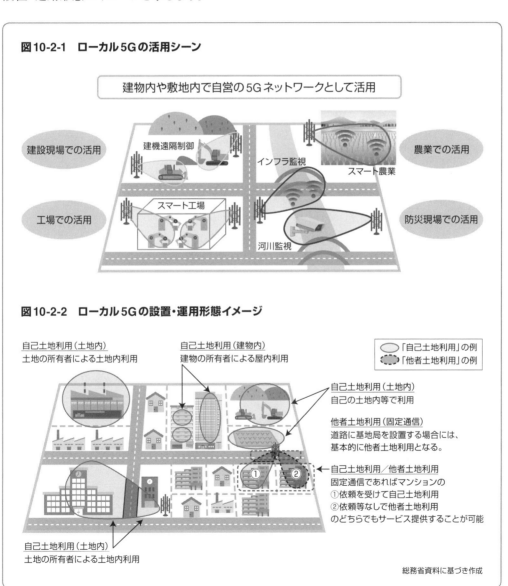

図10-2-1　ローカル5Gの活用シーン

図10-2-2　ローカル5Gの設置・運用形態イメージ

総務省資料に基づき作成

10-3

モノのインターネット(IoT)
モノ同士が相互に通信を行う仕組みを理解しよう!

　2009年頃から、M2M (Machine to Machine) 通信、そしてその後、モノのインターネット (IoT：Internet of Things) という言葉が使われるようになりました。M2M通信とは、「機械と機械が通信ネットワークを介して互いに情報をやり取りすることにより、自律的に高度な制御やデータ収集等の動作を行うこと」と定義することができます。

　一方IoTとは、家電、自動車、防犯カメラ、ビルの空調設備、医療機器、産業機械など元来インターネットに接続されなかったモノに、センサや通信モジュールなどを具備することにより、あらゆるモノがインターネットに接続され、モノ同士の通信が可能な状態となること、あるいはそれを可能とする技術全般のことを指します。

　このように、M2MとIoTは、共に似通った概念ですが、M2Mは、センサ等のデバイスが取得したデータの利用や、遠隔からの設備の監視や制御に重点が置かれているのに対し、IoTでは、様々なモノがネットワークを介して繋がることで、あるサービスで取得されたデータを別のサービスがリアルタイムで利用したり、あるいは異なるデータを統合して利用することにより、新たな価値やビジネスを生み出すことに期待が置かれています。従って、IoTはM2Mを包含する概念であると考えることも可能なことから、本節では、IoTを中心に解説します。

◎IoTの仕組みとは?

　IoTシステムは、一般に、IoTデバイス、IoTゲートウェイ、通信ネットワーク(基幹ネットワーク、IoTエリアネットワーク等)、IoTサーバ/クラウドの四つの部分から構成されます(図10-3-1)。IoTデバイスとは、例えば温度センサから得られるデータを通信ネットワークを介して、IoTサーバ側に供給するための端末や機器などが該当します。このIoTデバイスが通信ネットワークを介してIoTサーバやクラウドとつながり、IoTデバイスで収集したデータを送信したり、逆に、サーバ/クラウド側からIoTデバイスを遠隔で制御したりすることでIoTの仕組みが実現します。

　通信ネットワークには、LTE、4G、5GやモバイルWi MAXなどの無線ネットワークや光ケーブルなどの固定系有線ネットワークのような基幹ネットワーク(WAN：Wide Area Network)が利用されます。わが国では、LTEベースの技術であるLTE-Mという方式が主としてIoT用に提供されています。また、LoRaWAN、Sigfox、NB-IoT (Narrow Band IoT)、ELTRESなどのLPWA (Low Power Wide Area) と総称されるIoT専用の低消費電力で広域をカバーすることができるネットワークが出現しています。図で基幹ネットワークを挟んで、IoTサーバ/クラ

ウド側をインフラストラクチャ領域と、また、IoTデバイス／IoTゲートウェイ側をフィールド領域といいます。

　図に示す通り、デバイスが基幹ネットワーク経由で直接サーバ・クラウドと接続される場合と、この間にIoTゲートウェイと呼ばれる機器が介在する場合の2通りのケースがあります。後者の場合、IoTゲートウェイは、デバイスから収集されるデータをいったん集計処理して、それをサーバ側に送信したり、サーバ／クラウドからのメッセージや命令をデバイスへ中継したり、デバイス側とサーバ側で使用するプロトコルを相互に変換する役割を担います。IoTゲートウェイとIoTデバイスとの接続には、無線LAN、Bluetooth、ZigBeeといった近距離用の無線通信技術やPLCという電力線通信方式などの有線通信技術が利用され、これらの有線／無線通信技術により、IoTエリアネットワークが構成されます。

　IoTゲートウェイ、IoTデバイス、IoTサーバ／クラウドには、通常、データ収集やデバイス制御のためのソフトウェアであるIoTアプリケーションや、IoTアプリケーションの実行をサポートするミドルウェアであるIoTサービスプラットフォームが組み込まれ、フィールド／インフラストラクチャ領域間でのデータやメッセージのやりとりを司ります。

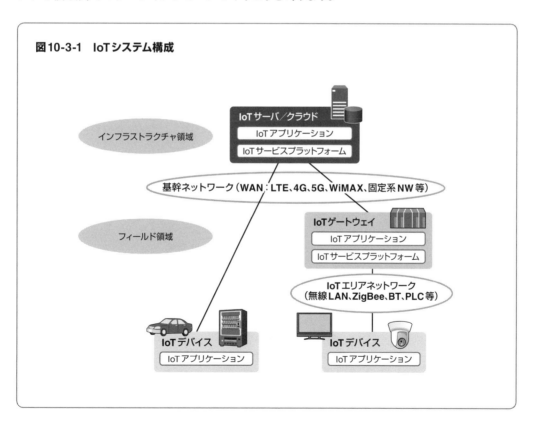

図10-3-1　IoTシステム構成

10-4

IoTを利用したサービス
IoTがどのようにサービスで利用されているのか理解しよう!

　IoTは、エネルギー、医療・健康管理、物流、輸配送、ホームICT、農業、産業機械、公共等、様々な分野で実用化されつつあります。以下に、いくつか導入事例を示します。

◎輸送分野でのIoT応用

　輸送分野では、大型トラック等の車両データを収集・集中管理する導入事例があります(図10-4-1)。トラック等の車両に、車速、燃料消費量やエンジン、モーターの回転数等の車載機器のデータ、移動距離等の運行データ、GPSの車両位置データ等の車両データを車載機器により収集し、これらを通信モジュールにより、3GやLTE回線を利用してデータセンタに送ります。データは、データサーバに蓄積され、運送管理者や荷主などの閲覧、車両運行や安全運転等の監視、リアルタイムでの荷物位置確認に活用され、安全で効率的な車両運行に役立っています。

◎HEMS(家庭エネルギー管理システム)

　家庭・エネルギーの分野で、HEMS(Home Energy Management System)という家庭エネルギー管理のシステム(図10-4-2)があります。これは、家電やIT機器の消費電力や、太陽光発電等の再生可能エネルギーの状況データを、HEMSゲートウェイからBluetooth等を利用して収集し、サーバ・クラウド上のHEMSアプリケーションサーバへ送って蓄積するものです。蓄積されたデータは、家庭内の監視モニタやパソコン、スマートフォンからユーザが閲覧でき、さらに、遠隔から家電や機器のスイッチや設定を変化させて、消費電力の制御を行うことができます。

◎eHealth(健康管理システム)

　eHealthとは、IoTの技術を活用して、オンラインで消費者や患者に対し、ヘルスケアに関する情報、サービス、製品を提供することです。当初は電子カルテの導入により個人の医療情報を一元管理し、患者と医療機関や薬局が情報を共有して、患者がより適切な診断や治療を受けることができ、かつ不要な検査、治療、投薬を減らして医療費用の削減が目指されました。近年では、ネットワークの利用により、医療データと医療端末や機器を駆使して、遠隔診察・診断等の遠隔医療への取組みが行われています。これにより、医療設備や薬品、医師数の地域格差を補い、医療を受ける機会の均等化や医師不足の解消への寄与が大いに期待されています。

　グローバルにeHealthを推進するContinua Health Allianceでは、eHealthのためのアーキ

テクチャ (図10-4-3) を定義し、体重計や血圧計のような健康管理用デバイスと、PCや通信機器・端末、医用端末、アプリケーションサーバ、データベース等の相互接続規格やガイドラインを制定し、患者の疾患管理、高齢者や健常者の健康管理やモニタリングに取り組んでいます。

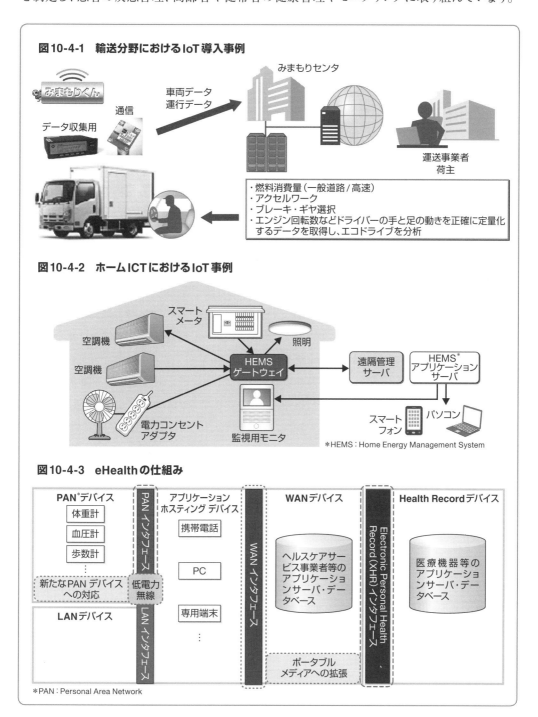

図10-4-1 輸送分野におけるIoT導入事例

図10-4-2 ホームICTにおけるIoT事例

*HEMS：Home Energy Management System

図10-4-3 eHealthの仕組み

*PAN：Personal Area Network

10-5

IoTデバイス
IoTで用いられるデバイスについて学習しよう！

　IoTデバイスは、フィールド領域に設置され、照度、温度、湿度、熱、圧力等の様々なセンサによって得られたデータなどをインフラストラクチャ領域のIoTサーバ／クラウドに送信したり、逆に、サーバ／クラウド側からの信号をアクチュエータなどに伝え、機器や装置をリモートから制御したりする際に利用されます。ここでは、IoTシステムの構成要素として重要な役割を担うIoTデバイスの一般的な構成や機能を学習します。

◎IoTデバイスの構成

　IoTデバイスの構成を図10-5-1に示します。IoTデバイスは、処理の中枢となる信号・データ処理部を中心に、通信ネットワークとのインタフェースとなるネットワーク通信部、センサやアクチュエータとのインタフェースとなる入出力部、電源として使用電力を管理する電源管理部およびセンサ部・アクチュエータ部から構成されています。ここでアクチュエータとは、電気信号などを機械的な動きに変換し、メカトロニクス機器[*2]を正確に動かす駆動装置のことです。

　センサ部やアクチュエータ部は、センサや機器のコントローラ等がIoTデバイスの内部に、組み込まれる組込み型と、デバイスの外部にセンサやコントローラが接続される独立型の2種類に分類されます。組込み型の例としては、ネットワーク機能を内蔵した自動販売機、スマートメータ、ATMやスマートフォン、WebカメラなどのIoT機器が該当します。また、独立型としては、工場で使用されるプログラマブル・コントローラやプロセスコントローラなどがあり、それらのデバイスにアクチュエータなどの機器が接続されて動作します。

◎各部の機能

　IoTデバイスの信号・データ処理部は、一般的な組込み機器と同様にマイクロプロセッサ（MPU）やメモリで構成され、アプリケーションが組み込まれて、センサデータの処理や信号の処理・伝達などデバイスの中枢としての役割を担います。メモリは、センサデータを一時的に記憶するRAMとIoT用のアプリケーションが格納されるフラッシュメモリから構成されます。

　ネットワーク通信部には、通信モジュールが配置され、ネットワークとの通信機能を担います。

---

*2:**メカトロニクス機器**：さまざまな部品や電子機器が組み込まれている機械を電子技術により制御する技術のこと

*3:**PWM**：パルス幅変調方式のことで、矩形波パルスを使用して電気機器への電力を効率よく制御するための技術

IoTデバイスがIoTゲートウェイと接続される場合には、Bluetooth、ZigBee、無線LAN等のIoTエリアネットワーク通信機能が具備されます。また、デバイスがIoTゲートウェイを介さずに、3G、LTE、WiMAX等の無線ネットワークや光ケーブル等の有線ネットワークの基幹ネットワーク（WAN）を介して直接IoTサーバ／クラウドと接続される場合には、これらの基幹ネットワークの通信機能に対応した通信モジュールが組み込まれます。

入出力部は、センサやアクチュエータとのインタフェースとして、デジタル入出力、A／D変換、シリアル通信機能を有します。スイッチやLED点灯のオン・オフ等に用いるデジタル入出力は、信号・データ処理部のMPUとの接続用端子やGPIO（General Purpose Input/Output）という複数入出力が可能な端子から構成されます。また、A／D変換機能は、センサから得られたアナログデータをデジタルデータに変換します。一方、アクチュエータのための制御用信号は、シリアル通信機能によりPWM[*3]信号に変換されて伝えられます。

電源管理部では、通常、商用電源が利用されますが、山間部や屋外に設置されるIoTデバイスのように商用電力の供給が困難な場合には、太陽光発電等の自立電源を装備したり、内蔵バッテリーのみで5年以上の期間の運用を必要とする場合があります。特に、バッテリーからの電源供給に頼る場合には、MPUの低消費電力化やメモリ容量の低減によるデバイスでの消費電力の低減や間欠動作を考慮する必要があります。また、EnOceanに代表されるように、振動、温度差、室内光、電波などの周辺環境から取得（収穫：ハーベスト）できる微弱なエネルギーを利用して発電し、この電力を利用するエナジーハーベスティング技術も注目されています。

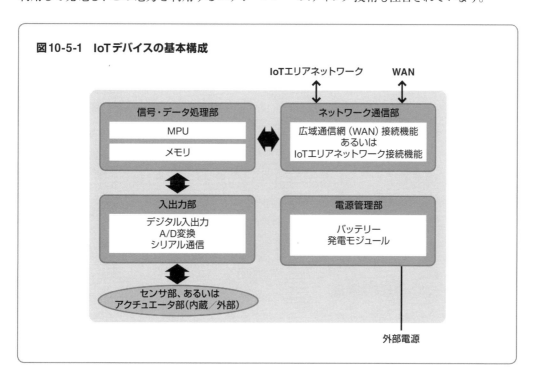

図10-5-1　IoTデバイスの基本構成

10-6

人工知能（AI）
機械学習、ディープラーニング（深層学習）を知ろう

　センサやIoTデバイスは今後、ナノテクノロジーによってますます小型化され、あらゆるモノに装着されていくことが期待されています。膨大な数のIoTデバイスに組み込まれた各種センサから時々刻々発生するセンサデータは、製造やインフラ工事、農作業などの現場毎に基幹ネットワークやIoTエリアネットワークなどを介して収集され、クラウドなどのサーバにおいて画像や音声、動画、文字列、数値などからなる膨大な情報量のビッグデータとして扱われます。

　図10-6-1に、IoTによるビッグデータの収集および人工知能（AI）を利用したデータの分析の流れを示します。たとえば、製造機械が故障する前に起こる異常高温現象を検知できる赤外線画像など、生産性向上という課題解決のために有意なデータが含まれている場合があります。その場合には、適切なデータ分析手法を用いることによって、ビッグデータの中から目的と現象の相関関係を見つけ、機械の故障などを事前に予測することができます。

　それを人間が手間暇かけて行うのではなく、機械にビッグデータを学習させることによって予測や異常検知などの判断能力を持たせたAIが、人間に代わって行うのです。

◎機械学習

　前述の機械が既知のデータを学習し、未知のデータに対し予測したり、異常を検知することを機械学習と言います。機械学習は、一般的に学習フェーズと実行フェーズに分けられます。

　学習フェーズでは、まずビッグデータに対して、異常値の削除や分析しやすい形にする前処理を経て訓練データを作成します。これを学習器に入力すると、学習器は訓練データに付けられた正解情報と比較しながら、データの規則性やパターンなどを見つけ出すアルゴリズムを使用して学習していきます。この結果出力されるものを、学習済みモデルと言います。なお、学習済みモデルの作成には、通常、高速処理のための演算能力と多くの時間が必要となります。

　一方、実行フェーズでは、この学習済みモデルは、AIとして現場へ配置され、これに現場の実データを未知のデータとして入力することにより、実際に予測や異常検知に利用されます。

◎ディープラーニング（深層学習）

　AIが目指すものは「人間の脳は得意だが、コンピュータには苦手な情報処理」であり、その一つに「パターン認識」があります。これは赤ちゃんも持つ学習能力であり、視覚（顔）や聴覚（声）によって母親を識別しています。このパターン認識能力を持つAIとして、脳の神経回路を

模倣してモデル化されたニューラルネットワークがあります。

このニューラルネットワークを多層（深層）構造にして機械学習をさせることを、ディープラーニング（深層学習）と呼びます。ディープラーニングは、例えば膨大なネット画像の中から顔の輪郭や眉、目、鼻、口といった顔の表現に必要な「特徴量」を人間が教えることなく、学習器が層ごとに順次抽出しながら学習していくため、このプロセスを多層化することによって、ネットワークの深層部分に人間や動物の顔の認識に必要な概念を構築させることができます。これまで画像のようなデータでは、この特徴量が複雑であったり、判別に高い専門性が要求されたりして、特徴量の抽出は困難でしたが、ディープラーニングを使うとこの特徴量抽出を自動化できるため、IoTデータなどの分析が効率化、加速化されることが期待されています。

2015年にはCNN（Convolutional Neural Network：畳み込みニューラルネットワーク）と呼ばれる新たな深層ネットワークが考案され、画像認識の精度は人間を超えました。

一方、ディープラーニングの性能は訓練データの良し悪しに大きく依存し、学習させるデータ量が少なかったり、データに肝心な特徴量を含んでいないとうまく機能しません。また、データと推定結果との因果関係など、判断の根拠を人間が理解できないブラックボックスであるため、近年では人間が理解しやすい、いわゆる説明可能なAIの研究開発が進められています。さらに2022年以降、ChatGPTなどの生成AIと呼ばれる新しいコンテンツを生成することを目的とした技術が急速に普及しています。

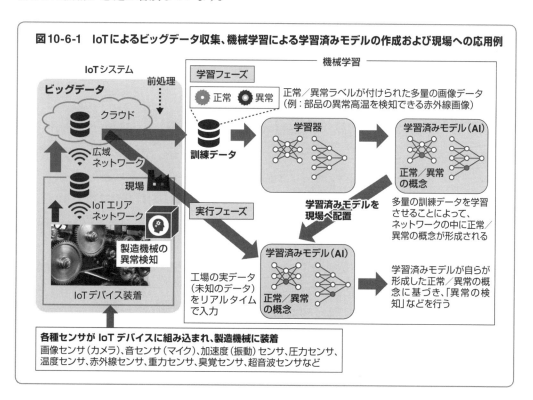

図10-6-1　IoTによるビッグデータ収集、機械学習による学習済みモデルの作成および現場への応用例

10-7

プラットフォームの共通化
オープンプラットフォームの動向

　モバイル端末の性能が向上し、パソコンと同等の性能を持つようになり、よりパソコンに近いコンテンツの使い方ができるようになりました。また、新たなモバイル端末としてIoTデバイスも増えており、様々なデバイスを用いた環境でのサービス構築が進んでいます。それを促進するために、プラットフォームの共通化と活用が重要になります。

◎プラットフォームとは

　家を建てるためには、地ならしされた平らな土地が必要です。ITサービスやシステム、またはソフトウェアを構築する時にも、この平らな土地のような「共通の土台となる標準環境」が必要となり、これをプラットフォームと呼びます。スマートフォンで、アプリを動かすためのプラットフォームの一例として、AndroidやiOSがこれに相当します。

　プラットフォームを利用すると「土台」を自身で作る必要が無く、ITサービスやシステム、またはアプリが構築できるメリットがあります。また、プラットフォームの上に多くのサービスが集まれば、お互いの情報を活用する事により、購入商品のリコメンドや装置の故障予測などといった、新しい付加価値を持つサービスを作り出すことも可能となります。(図10-7-1)

◎モバイルビジネスを構築するプラットフォームレイヤ

　モバイルビジネスはモバイル通信を使って展開されるビジネスであり、移動体通信会社や、端末などのメーカ、そしてゲームや漫画などのコンテンツを提供する会社などにより行われています。このモバイルビジネスを構築するサービス要素は「端末」「ネットワーク」「通信サービス」「プラットフォーム」「コンテンツ・アプリケーション」という五つの階層（レイヤ）に分類することができます（図10-7-2）。このうち、コンテンツを流通させるために必要な認証や課金等の仕組みは、プラットフォームレイヤで提供されています。

　主に移動体通信会社でしか提供できない「ネットワーク」「通信サービス」以外のレイヤを、誰でも提供してもよいとする環境を「オープン型モバイルビジネス」と呼びます。スマートフォンのアプリケーションを購入するときに、移動体通信会社以外の決済の仕組みで購入可能になっているなどの形で実現されています。

◎コンテンツ・アプリケーションを共通化するスマートフォンプラットフォーム

　AndroidやiOS等のようなスマートフォンOS（6-1、6-2参照）を搭載した端末では、使用する通信方式や特定の移動体通信会社に依存せず（限定されず）、共通のコンテンツ・アプリケーションを利用することができます。このようにレイヤに依存することなくコンテンツ・アプリケーションが自由に流通し、それらを利用できる環境を実現するプラットフォームを「オープンプラットフォーム」といいます。オープンプラットフォームの例としては、Google社のAndroid、Apple社のiOSなどがあります。

◎IoTシステムの構築を効率化するIoTサービスプラットフォーム

　IoTデバイス、IoT サーバ／クラウドなど四つの要素から構成されるIoTシステム（10-3参照）の、構築と運用を行いやすくするために「IoTサービスプラットフォーム」を用います。このIoTサービスプラットフォームの例として、Amazon社のAWS IoT、マイクロソフト社のAzure IoT、日立製作所のLumadaなどがあります。

　IoTシステムでは、どのIoTシステムでも共通に使われる次例のような定番の機能が複数あります。

- ・IoTデバイスで計測したデータをIoTサーバ／クラウドで集めるため、ネットワークへ送信する機能
- ・IoTデバイスの設定や診断、デバイス内部のソフトウェア（ファームウェア）の遠隔からの更新などデバイス管理の機能、など

　このような機能が一つないしは複数をセットにして、IoTサービスプラットフォームから提供されます。これによりIoTシステムの構築をゼロから行う事なく、効率の良い構築と運用を可能とします。

　また、これらのプラットフォーム上でデータを取得すると、データ収集と、それらデータを理解するための分析を行いやすくする利点があります。AIを活用した解析による付加価値創出の助けになります。

　AI（10-6参照）の構築に関わるデータサイエンティストやエンジニアがディープラーニング等の機械学習モデルを構築し、データの前処理や訓練データによる学習、学習済みモデルの配備といったプロセスを自動化かつ迅速化するML Opsも、IoTサービスプラットフォームの一つとして利用されています。2022年以降、スマートホーム分野において、異なるメーカのIoTデバイス同士をシームレスに連携することが可能となるMatterという新たな規格が注目されています。

図10-7-1　アプリからみたプラットフォームの例

図10-7-2　モバイルビジネスを構築するプラットフォームレイヤ

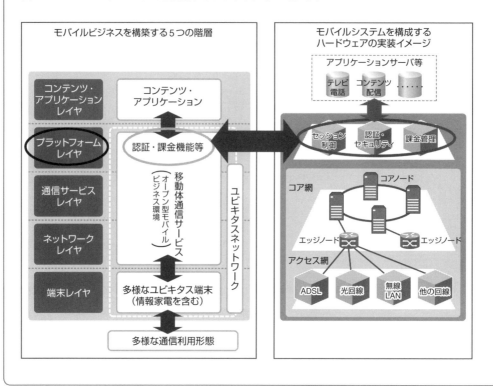

基礎検定

モバイル技術基礎検定
サンプル問題

ここではモバイル技術基礎検定の試験で出題される問題のイメージを掴んで頂くため、サンプル問題を掲載しました。

本問題は、問題のレベルや出題形式の目安を掴んでいただくためのサンプルであり、実際の試験問題とは異なりますのでご注意ください。

※解答は192頁

第1問

次の空欄Ⅰにあてはまる最も適切な語句を、①〜④の選択肢の中から1つ選びなさい。

既存の移動体通信会社から通信設備を借り受けて、独自の自社サービスを提供する企業（事業者）を　Ⅰ　という。

① MNO
② MENO
③ MVNE
④ MVNO

第2問

モバイル通信と放送の融合について不適切な記述を、①〜④の選択肢の中から1つ選びなさい。

① ワンセグはアナログテレビ放送の受信機能の一種である。
② ワンセグの番組視聴には、通信料金は不要である。
③ 映像配信サービスは、データ通信上で実現されている。
④ 動画共有サービスでは、利用者自身がコンテンツをアップロードできる。

第3問

次の空欄Ⅰにあてはまる最も適切な語句を、①〜④の選択肢の中から1つ選びなさい。

端末が移動に伴って接続先のセルを切り替えることを　Ⅰ　という。

① スイッチオーバ
② ハンドオーバ
③ 位置登録
④ ページング

モバイル技術基礎検定　サンプル問題

第4問

次の空欄Ⅰ、Ⅱにあてはまる最も適切な語句の組合せを、①〜④の選択肢の中から1つ選びなさい。

LTEとは、携帯電話技術の標準化団体である　　Ⅰ　　で策定された標準規格であり、WiMAX
と同様に　　Ⅱ　　方式が採用されている。

	Ⅰ	Ⅱ
①	3GPP	TDMA
②	3GPP2	CDMA
③	3GPP	OFDM
④	3GPP2	FDMA

第5問

インターネットで用いられるIPアドレスに関して最も適切な記述を、①〜④の選択肢の中から1つ
選びなさい。

①　インターネットに直接接続している機器に「グローバルIPアドレス」が割り当てられる。

②　直接インターネットと通信できるIPアドレスを「プライベートIPアドレス」と呼ぶ。

③　無限に重複使用されても問題ないIPアドレスは「グローバルIPアドレス」である。

④　自由に割当てのできるアドレスを「フリーIPアドレス」と呼ぶ。

第6問

次の空欄Ⅰにあてはまる最も適切な語句を、①〜④の選択肢の中から1つ選びなさい。

モバイルワイヤレスルータ型のデータ通信専用端末等を用いることにより、パソコンやタブレット
型端末から移動体通信会社のネットワークを経由してインターネットに接続することもでき、この
ような使用法を　　Ⅰ　　という。

①　ペアリング

②　ローミング

③　ルーティング

④　テザリング

181

第**7**問 ....

次の空欄Ⅰ、Ⅱにあてはまる最も適切な語句の組合せを、①～④の選択肢の中から1つ選びなさい。

Android OSは米国 ┌─── Ⅰ ───┐社が開発したOSであり、様々なハードウェアに搭載されることを前提にして、┌─── Ⅱ ───┐ベースのアプリケーション実行環境を採用している。

	Ⅰ	Ⅱ
①	Qualcomm	Kotlin
②	Google	Kotlin
③	Qualcomm	Swift
④	Google	Swift

第**8**問 ....

スマートフォンやフィーチャーフォンの画像フォーマットに関して最も適切な記述を、①～④の選択肢の中から1つ選びなさい。

① BMPはWindowsの標準画像フォーマットで画像は無圧縮である。
② GIFは写真のように色数が多く、微妙に変化する画像の圧縮に適している。
③ PNGはGIFとほぼ同じ機能を持ち、JPEGと同様圧縮により画質が劣化する。
④ JPEGはイラスト等の画像の圧縮に向いている。

第**9**問 ....

次の空欄Ⅰにあてはまる最も適切な語句を、①～④の選択肢の中から1つ選びなさい。

スマートフォンで利用するアプリは ┌─── Ⅰ ───┐ と呼ばれるコンテンツサービスからダウンロードを行う。

① Webブラウジング
② ホスティング
③ マーケットプレイス
④ ストリーミング

モバイル技術基礎検定　サンプル問題

第10問

次の空欄Ⅰにあてはまる最も適切な語句を、①～④の選択肢の中から1つ選びなさい。

　　Ⅰ　は、青少年（18歳に満たない者）を、インターネット上にある青少年の健全な育成を著しく阻害する有害情報から守ることを目的とした法律である。この法律では、インターネット接続サービスを提供する移動体通信会社に対し、利用者が青少年の場合には、保護者が不要と申し出ない限りは、フィルタリングサービスを適用することを義務づけている。

　　　　①　携帯電話不正利用防止法

　　　　②　出合い系サイト規制法

　　　　③　青少年インターネット環境整備法

　　　　④　特定商取引法（特商法）

第11問

次の空欄Ⅰにあてはまる最も適切な語句を、①～④の選択肢の中から1つ選びなさい。

情報セキュリティとは、様々な直接的脅威やその原因となる脆弱性から、情報資産の、　Ⅰ　、「完全性」及び「可用性」を守ることをいう。

　　　　①　「独立性」

　　　　②　「機密性」

　　　　③　「重要性」

　　　　④　「暗号性」

第12問

次の空欄Ⅰにあてはまる最も適切な語句の組合せを、①～④の選択肢の中から1つ選びなさい。

クラウドコンピューティングでは、メールやアドレス帳のデータは、　Ⅰ　　ではなく　Ⅱ　に保管されている。そのため、モバイル機器の本体が壊れてもデータは守られる。

	Ⅰ	Ⅱ
①	端末の中	クラウド上
②	端末の中	端末の外部メモリ
③	クラウド上	端末の外部メモリ
④	クラウド上	端末の中

183

第 13 問

次の空欄Ⅰ、Ⅱにあてはまる最も適切な語句の組合せを、①〜④の選択肢の中から1つ選びなさい。

コンテンツを流通させるために必要な認証や ☐ Ⅰ ☐ 等の仕組みは、☐ Ⅱ ☐ レイヤで提供されている。

	Ⅰ	Ⅱ
①	端末	ネットワーク
②	アクセス	アプリケーション
③	ユビキタス	コンテンツ配信
④	課金	プラットフォーム

第 14 問

次の空欄Ⅰにあてはまる最も適切な語句を、①〜④の選択肢の中から1つ選びなさい。

IoT（モノのインターネット）システムにおいて利用されるIoTデバイスには、通常センサや ☐ Ⅰ ☐ が内蔵されたり、接続されたりします。センサで得られたデータはIoTデバイスで収集され、サーバやクラウド側に送信されます。一方、☐ Ⅰ ☐ は、機器や装置をリモートから制御できるよう、サーバ等から送られてくる信号を機械的、物理的なエネルギーに変換する役割を担います。

① リピータ

② プロトコル・コンバータ

③ アクチュエータ

④ インバータ

実務検定

スマートフォン・モバイル実務検定 サンプル問題

ここではスマートフォン・モバイル実務検定の試験で出題される問題のイメージを掴んで頂くため、サンプル問題を掲載しました。

本問題は、問題のレベルや出題形式の目安を掴んでいただくためのサンプルであり、実際の試験問題とは異なりますのでご注意ください。

※解答は193頁

第1問

次の空欄Ⅰにあてはまる最も適切な語句を、①~④の選択肢の中から1つ選びなさい。

　Ⅰ　を使用することで、販売店でなくリモート操作でMVNO（Mobile Virtual Network Operator）の変更が可能となる。

① SDHC
② SDXC
③ SIM
④ eSIM

第2問

通話に関する付加サービスについて不適切な記述を、①~④の選択肢の中から1つ選びなさい。

① 割込通話は、通話中にかかってきた第三者からの着信を知らせてくれるサービスである。
② 留守番電話サービスには、テレビ電話に対応したものはない。
③ 転送電話では、転送先までの通話料は発信者ではなく転送設定したユーザに課金される。
④ 留守番電話、割込通話、転送電話などのサービス名称は、移動体通信会社ごとに差異がある。

スマートフォン・モバイル実務検定　サンプル問題

第**3**問 ・・・

次の空欄Ⅰ、Ⅱにあてはまる最も適切な語句の組合せを、①〜④の選択肢の中から1つ選びなさい。

メールやWebの利用時に用いられるモバイル端末のデータ通信には、二つの方式がある。一つは、固定電話における音声通話と同じように接続し、その回線上でデータ信号を送受信する「　Ⅰ　方式」、もう一つはデータを小分けにし、これらをデータ専用の通信ネットワークを通じて送受信する「　Ⅱ　方式」である。

	Ⅰ	Ⅱ
①	回線交換	パケット通信
②	回線直結	シリアル通信
③	回線交換	シリアル通信
④	回線直結	パケット通信

第**4**問 ・・・

次の空欄Ⅰにあてはまる最も適切な語句を、①〜④の選択肢の中から1つ選びなさい。

スマートフォンやタブレットなどの宅内での回線接続手段として、ブロードバンド回線に接続できる小型基地局を利用できる。このような宅内向け小型基地局を　Ⅰ　という。

① マクロセル

② マイクロセル

③ フェムトセル

④ ナノセル

第5問

次の空欄Iにあてはまる最も適切な語句を、①〜④の選択肢の中から1つ選びなさい。

自分が契約している移動体通信会社ではない移動体通信会社の通信設備を借りて通話・通信を行うことを ［　I　］ という。［　I　］ は、その通話料・通信料をどのような扱いにするのかなどを、通信事業者同士であらかじめ取り決めて利用が可能となる。

① ローミング
② 割込通話
③ グルーピング
④ コラボレーション

第6問

次の空欄I、IIにあてはまる最も適切な語句の組合せを、①〜④の選択肢の中から1つ選びなさい。

インターネット上でEメール転送（送信）のために使われるプロトコルとして ［　I　］ が使われ、受信メールサーバから端末までの転送（受信）に使われるプロトコルの一つとして ［　II　］ が使われる。

	I	II
①	SMTP	POP3
②	POP3	SMTP
③	HTTP	POP3
④	SMTP	HTTP

第7問

SIMカードに関して最も適切な記述を、①〜④の選択肢の中から1つ選びなさい。

① モバイル機器の機種や契約内容に違いがあっても、ユーザの使用できる機能が異なるSIMカードが発行されることはない。
② 世界標準規格のICカードであり、サイズの異なるSIMカードは用意されていない。
③ 加入者情報などを書き換え不能にするため、ユーザが自由に使えるメモリエリアは用意されていない。
④ 販売元の移動体通信会社が発行したSIMカードを差し込んだ場合のみ動作するよう端末に設定を施すことを「SIMロック」という。

スマートフォン・モバイル実務検定　サンプル問題

第8問

次の空欄Ⅰにあてはまる最も適切な語句を、①～④の選択肢の中から1つ選びなさい。

スマートフォンやフィーチャーフォンには、氏名、電話番号、メールアドレスを主とした個人情報のほか、企業内情報や顧客データといった ⬚ Ⅰ ⬚ の高い情報が数多く保存されている。情報セキュリティ対策に不備があり ⬚ Ⅰ ⬚ が確保できない場合、これらの情報が漏えいしてしまう可能性があるので注意が必要である。

① 必要性
② 機密性
③ 有用性
④ 稀少性

第9問

次の空欄Ⅰにあてはまる最も適切な語句を、①～④の選択肢の中から1つ選びなさい。

IoT（モノのインターネット）が利用される分野の一つに、⬚ Ⅰ ⬚ という家庭でのエネルギー管理システムがあり、これは、家電やIT機器の消費電力や太陽光発電などの再生可能エネルギーの状況をBluetoothなどを利用して収集し、可視化したり、サーバなどに蓄積して利用するものである。

① スマートメータ
② HEMS
③ ユーティリティ
④ Aルート

第 10 問

次の空欄Ⅰ、Ⅱにあてはまる最も適切な語句の組合せを、①～④の選択肢の中から1つ選びなさい。

以前、販売された携帯端末のSIMロックの設定を無効化することを　Ⅰ　と言う。これにより、利用者は　Ⅱ　を問わず移動体通信会社を自由に選ぶことができ、事業者間の競争が促進される結果、安価で良いサービスの提供につながることが期待される。

	Ⅰ	Ⅱ
①	SIMロック解除	MNP
②	SIMロック解除	MNO、MVNO
③	SIMフリー	MNP
④	SIMフリー	MNO、MVNO

第 11 問

次の空欄Ⅰにあてはまる最も適切な語句を、①～④の選択肢の中から1つ選びなさい。

スパムメールや、改ざんした正規サイトから、脆弱性を攻撃する不正サイトへ誘導され、感染したPCをロックしたり、ファイルを暗号化したりすることによって使用不能にしたのち、元に戻すことと引き換えに「身代金」を要求する不正プログラムのことを一般に　Ⅰ　と呼ぶ。

① スパイウェア

② ランサムウェア

③ DoS攻撃

④ ゼロデイ攻撃

スマートフォン・モバイル実務検定　サンプル問題

第12問

次の空欄Ⅰにあてはまる最も適切な語句を、①〜④の選択肢の中から1つ選びなさい。

AI（人工知能）のうち、一般に、機械が既知のデータからその規則性やパターンなどを見つけ出すしくみを利用して学習することにより、未知のデータに対し予測したり、異常を検知することを
　　Ⅰ　　という。

① 統計解析

② ニューラルネットワーク

③ ディープラーニング

④ 機械学習

モバイル技術基礎検定 サンプル問題 解答

第 1 問
解答：④ MVNO
本文参照先 ▶ 1-4

第 2 問
解答：①
本文参照先 ▶ 2-9

第 3 問
解答：② ハンドオーバ
本文参照先 ▶ 3-1

第 4 問
解答：③ Ⅰ 3GPP　Ⅱ OFDM
本文参照先 ▶ 3-6

第 5 問
解答：①
本文参照先 ▶ 4-2

第 6 問
解答：④ テザリング
本文参照先 ▶ 5-12

第 7 問
解答：② Ⅰ Google　Ⅱ Kotlin
本文参照先 ▶ 6-2

第 8 問
解答：①
本文参照先 ▶ 6-6

第 9 問
解答：③ マーケットプレイス
本文参照先 ▶ 7-5

第 10 問
解答：③ 青少年インターネット環境整備法
本文参照先 ▶ 9-3

第 11 問
解答：② 「機密性」
本文参照先 ▶ 8-1

第 12 問
解答：① Ⅰ 端末の中　Ⅱ クラウド上
本文参照先 ▶ 4-7

第 13 問
解答：④ Ⅰ 課金　Ⅱ プラットフォーム
本文参照先 ▶ 10-7

第 14 問
解答：③ アクチュエータ
本文参照先 ▶ 10-4

スマートフォン・モバイル実務検定 サンプル問題　解答

第1問
解答：④　eSIM
本文参照先 ▶ 1-4

第2問
解答：②
本文参照先 ▶ 2-2

第3問
解答：①　Ⅰ 回線交換　Ⅱ パケット通信
本文参照先 ▶ 1-5

第4問
解答：③　フェムトセル
本文参照先 ▶ 3-9

第5問
解答：①　ローミング
本文参照先 ▶ 2-10

第6問
解答：①　Ⅰ SMTP　Ⅱ POP3
本文参照先 ▶ 4-5

第7問
解答：④
本文参照先 ▶ 5-10

第8問
解答：②　機密性
本文参照先 ▶ 8-2

第9問
解答：②　HEMS
本文参照先 ▶ 10-4

第10問
解答：②　Ⅰ SIMロック解除　Ⅱ MNO、MVNO
本文参照先 ▶ 9-7

第11問
解答：②　ランサムウェア
新問時事問題

第12問
解答：④　機械学習
本文参照先 ▶ 10-6

193

資料・参考文献・索引

資料

◆ 消費者保護に関わる各種情報提供サイト（相談窓口を設けているサイト）

種類	名称	内容	URL／電話	所管、事務局等
通信サービス関連	電気通信消費者相談センター	利用者が、電話や電子メール等の媒体により、コミュニケーション手段として電話会社やプロバイダーが提供するサービスを利用している際のトラブル等について、電話およびWebによる問合せ・相談窓口	https://www.soumu.go.jp/main_sosiki/joho_tsusin/d_syohi/syohi_soudan.htm 03-5253-5900 （総務省電気通信消費者相談センター） （平日9:30〜12:00、13:00〜17:00） または各地方の総務省総合通信局	総務省
消費生活関連	全国の消費生活センター	商品やサービス等消費生活全般に関する苦情や問合せ等、消費者からの相談を専門の相談員が受け付ける全国の消費生活センター等の問合せ先	https://www.kokusen.go.jp/ 188（局番無し） （消費者ホットライン） または各地域の消費生活センター等 03-3446-1623 （国民生活センター平日バックアップ相談）	（独）国民生活センター
商取引関連	（一財）日本産業協会相談室	特定商取引法に違反する悪質な事業者について国や都道府県に申し出ることについて助言・指導する	https://www.nissankyo.or.jp/nsk/no-trouble/seido.html 03-3256-3344 （特定商取引法の申出制度の助言・指導） （平日10:00〜17:00）	（一財）日本産業協会
人権擁護対策	インターネット人権相談受付窓口	インターネット上で相談登録を受け付ける法務省の人権擁護機関の窓口。相談内容等を送信すると、最寄りの法務局から後日、メール、電話または面談により回答	https://www.jinken.go.jp/ 0570-003-110 （みんなの人権110番） （平日8:30〜17:15） その他、法務局・各地方法務局・支局内に常設人権相談所を設置	法務省
サイバー犯罪関連	各都道府県警察サイバー犯罪相談窓口	サイバー犯罪の被害にあったり、あいそうになったときの相談を受け付ける全国の都道府県警察のサイバー犯罪相談窓口	https://www.npa.go.jp/bureau/cyber/soudan.html #9110 （全国共通短縮ダイヤル） （土、日、祝日及び夜間は、「当直に接続」または「留守番電話」または各都道府県警察の相談窓口）	各都道府県警察本部
違法・有害情報対策	インターネット・ホットラインセンター	インターネット利用者からインターネット上の違法・有害情報に関する通報を受け付け、警察への通報やプロバイダ等への削除依頼等を行うインターネット・ホットラインセンターの通報窓口	https://www.internethotline.jp/	IHCインターネット・ホットラインセンター
違法・有害情報対策	違法・有害情報相談センター	一般のインターネット利用者、プロバイダー、掲示板管理者、学校関係者から寄せられるインターネット上の違法・有害情報に関する相談窓口	https://ihaho.jp/	違法・有害情報相談センター（総務省支援事業）
迷惑メール対策	迷惑メール相談センター	迷惑メールに関する電話相談の受付け、違反メールの情報収集と情報提供、その他迷惑メールに関する各種情報の提供	https://www.dekyo.or.jp/soudan/index.html 03-5974-0068 （平日10:00〜12:00　13:00〜17:00（土日祝日・年末年始を除く））	（一財）日本データ通信協会（JADAC）
ウイルスや不正アクセス対策	情報セキュリティ安心相談窓口	コンピュータウイルス関連、不正アクセス・届け出方法に関する情報提供と相談	https://www.ipa.go.jp/security/anshin 03-5978-7509 （24時間自動応答。ただし、IPAセキュリティセンター員による相談受付けは、平日10:00〜12:00、13:30〜17:00）	（独）情報処理推進機構（IPA）

資料

◆ 消費者保護に関わる各種情報提供サイト（情報の提供のみを行っているサイト）

種類	名称	内容	URL／電話	所管、事務局等
通信サービス関連	電気通信消費者情報コーナー	インターネットや携帯電話等の電気通信サービスを、消費者が安心して利用できるようにするため、各種情報を提供	https://www.soumu.go.jp/main_sosiki/joho_tsusin/s-jyoho.html	総務省
通信サービス関連	青少年の携帯電話利用について	子供向け端末、有害サイトアクセス制限サービス、パケット通信料金の高額利用防止、迷惑メール対策等に関する情報提供	https://www.tca.or.jp/mobile/approach.html	（一社）電気通信事業者協会（TCA）
消費生活関連	特定商取引法ガイド	契約に関する消費者トラブルを予防し、また、トラブル解決を促進するため、これらに役立つ情報を、インターネットを利用して、わかりやすい形で提供	https://www.no-trouble.caa.go.jp/	消費者庁
ネット上のトラブル対策	インターネットをめぐる消費者トラブル	手口が多様化・巧妙化しているインターネットをめぐる消費者トラブルをテーマ別に採り上げ、関係機関の協力も得ながら、注意喚起を実施	https://www.caa.go.jp/policies/policy/consumer_policy/caution/internet/	消費者庁
違法・有害情報対策	サイバー犯罪対策プロジェクト	最新のサイバー犯罪の予防策を紹介	https://www.npa.go.jp/bureau/cyber/index.html	警察庁
ネット上のトラブル対策	警察庁サイバー事案に関する相談窓口	サイバー事案に関する通報、相談及び情報提供が可能	https://www.npa.go.jp/bureau/cyber/soudan.html	警察庁
青少年保護	青少年の安全で安心な社会環境の整備	ネットの危険から子供をまもる、青少年の安全安心なインターネット利用環境整備に向けた施策の推進ほか	https://www.cfa.go.jp/policies/youth-kankyou/	こども家庭庁
青少年保護	インターネットコンテンツ審査監視機構（I-ROI）	学識経験者と有識者により策定されるレーティング基準を用いて、インターネットおよびモバイルサイトの健全性を客観的に認定	https://i-roi.jp/	（一社）インターネットコンテンツ審査監視機構（I-ROI）
青少年保護	安心ネット作り促進協議会（もっとグッドネット）	民間企業や各地域での取り組みを収集・紹介し、インターネットの利用環境整備に関するアイデアの共有とそれらを発展させる議論の場を提供	https://www.good-net.jp/	（一社）安心ネットづくり促進協議会

（独）：独立行政法人、（一財）：一般財団法人、（一社）：一般社団法人

◆ 各移動体通信会社のお客様サポート・問合せ窓口一覧

NTTドコモ	お客様サポート全般	https://www.nttdocomo.co.jp/support/
	問合せ窓口	https://www.nttdocomo.co.jp/support/inquiry/
KDDI	お客様サポート全般	https://www.au.com/support/
	問合せ窓口	https://www.au.com/support/inquiry/
ソフトバンク	お客様サポート全般	https://www.softbank.jp/mobile/support/
	問合せ窓口	https://www.softbank.jp/mobile/support/contact/
楽天モバイル	お客様サポート全般	https://network.mobile.rakuten.co.jp/support/
UQコミュニケーションズ	お客様サポート（UQ WiMAX）	https://www.uqwimax.jp/wimax/support/
	お客様サポート（UQ mobile）	https://www.uqwimax.jp/mobile/support/

参考文献

書籍

『モバイルシステム技術テキスト 第10版』
(MCPCモバイルコンピューティング推進コンソーシアム 監修，リックテレコム 2022年)

『モバイルシステム技術テキスト エキスパート編 第9版』
(MCPCモバイルコンピューティング推進コンソーシアム 監修，リックテレコム 2023年)

『テレコムデータブック2023(TCA編)』
((一社)電気通信事業者協会 監修，(一社)電気通信事業者協会 2023年)

『よくわかる情報通信』(高作 義明 著，PHP研究所 2019年)

『カラー図解でわかる通信のしくみ』(井上 伸雄 著，SBクリエイティブ 2013年)

『いちばんやさしい5Gの教本 人気講師が教える新しい移動通信システムのすべて』
(藤岡 雅宣 著，インプレス 2020年)

『携帯電話はなぜつながるのか 第2版』(中嶋 信生，有田 武美，樋口 健一共著、日経BP社 2012年)

『図解でわかる! モバイル通信のしくみ』(神崎 洋治，西井 美鷹共著、日経BP社 2017年)

『電話はなぜつながるのか』(米田 正明 著，日経BP社 2006年)

『インターネット白書2024』(インプレスR&D 2024年)

パンフレット

『電気通信サービスQ&A』
https://www.soumu.go.jp/main_content/000743595.pdf
(総務省 2024年)

行政資料・調査報告書等

『令和5年版　情報通信白書』
https://www.soumu.go.jp/johotsusintokei/whitepaper/ja/r05/pdf/index.html
(総務省 2023年)

『令和4年度における電気通信サービスの苦情相談の概要』
https://www.soumu.go.jp/menu_news/s-news/01kiban08_03000414.html
(総務省 2023年)

令和5年度「青少年のインターネット利用環境実態調査」報告書
https://www.cfa.go.jp/policies/youth-kankyou/internet_research/results-etc/r05
(こども家庭庁 2024年)

「モバイルサービスの提供条件・端末に関する指針
　― I-4 SIMロック解除の円滑な実施　I-5 SIMロック解除に当たり留意すべき事項」
https://www.soumu.go.jp/main_content/000571375.pdf
(総務省 2018年)

『2022年度情報セキュリティに対する意識調査【倫理編】【脅威編】』
https://www.ipa.go.jp/security/reports/economics/ishiki2022.html
（独立行政法人情報処理推進機構 2023年）

『移動端末設備の円滑な流通・利用の確保に関するガイドライン』
https://www.soumu.go.jp/main_content/000763143.pdf
（総務省 2021年）

『電気通信事業法の消費者保護ルールに関するガイドライン』
https://www.soumu.go.jp/main_content/000917774.pdf
（総務省 2024年）

Web

NTTドコモ Webページ
https://www.nttdocomo.co.jp/

KDDI Webページ
https://www.kddi.com/

ソフトバンク Webページ
https://www.softbank.jp/

楽天モバイル Webページ
https://network.mobile.rakuten.co.jp/

TCA（電気通信事業者協会）Webページ
https://www.tca.or.jp/

総務省 Webページ
https://www.soumu.go.jp/

国民生活センター Webページ
http://www.kokusen.go.jp/

索引

数字

3.5世代（3.5G）	49
3.9世代（3.9G）	46
3GPP	49
5G	7

アルファベット

＜A＞

Alexa（アレクサ）	84
Android	84,89
Android OS	107
Android Studio	106
Androidバイト・コード	106
AOT	109
App Store	28,128
ART	108
au Market	128
AXGP	49

＜B＞

Bluetooth	70,98
BMP（BitMap）	114
BYOD	137

＜C＞

CA（キャリア・アグリゲーション）	51
CDMA	46
CDMA2000	49
CDMA2000 1X EV-DO	49
CMOSイメージセンサ	90

＜D＞

DHCP	63
DNSサーバ	66
dマーケット	128

＜E＞

EMM	136
eSIM	95,162
Evernote	74
Eメール	22,68

＜F＞

Facebook	24,127
FDMA方式	44
FMC	56
FTTH	56

＜G＞

GIF	114
GNSS	82
Google Play	84,128
Googleアシスタント	84
GSM	48

＜H＞

HD	86
HEIF	114
HSPA	49
HTML	64,110
HTML5	111

＜I＞

IEEE802.11	52,53
IEEE802.11a	53
IEEE802.11ac	53
IEEE802.11b	53
IEEE802.11g	53
IEEE802.11n	53
IEEE802.11ax	53
IEEE802.16e	50
IMT-2000方式	48
Instagram	25
iOS	107
IP	62
iPad	80

索引

iPhone	78
IPアドレス	62
ISMバンド	42
ISP	64
ITU	48

＜J＞
Java	108
JavaScript	110
Javaアプリケーション	108
JIT	109
JPEG	114

＜K＞
Kotlin	106

＜L＞
Lightningコネクタ	96
LINE	24,127
LTE（Long Term Evolution）	50
LTE-Advanced	49,51

＜M＞
M2M	83
MAM	137
MCM	137
MDM	136
microSD	92
microSIM	94
microUSB	96
MNO	8
MNP	158
MOV	116
MP3	116
MP4	116
MPEG	116
MVNE	9
MVNO	8

＜N＞
nanoSIM	94

＜O＞
Objectiv-C	107

OCR機能	90
OFDM	46,49,50
ONU	57
OS	104

＜P＞
P2P	100
PL法	150
PNG	115
POP3	68
PSEマーク	157

＜Q＞
QRコード	90
QVGA	87
QWERTY配列	89
QXGA	86

＜R＞
RSP	162

＜S＞
SDHCカード	92
SDXCカード	92
SDカード	92
SIMカード	94
SIMフリー端末	160
SIMロック	95,160
SIMロックフリー	95
SMTP	68
SNS	24,126
Swift	107

＜T＞
TCP/IP	60
TDMA	44

＜U＞
UIM	94
USBコネクタ	96
USBテザリング	96
USIM	94
UWB	100

＜Ｖ＞

VGA·· 87
VM·· 108
VoLTE（Voice over LTE）··············· 7,10,17

＜Ｗ＞

W-CDMA······································ 49
Web··· 60
WebM··· 117
WebP·· 115
Webアプリケーション······················ 110
Webブラウジング··························· 120
Wi-Fi·· 52
Wi-Fi認定····································· 52
WiMAX2······································ 51
WQXGA······································· 86
WUXGA······································· 86
WVGA··· 86
WWW·· 64

＜Ｘ＞

X·· 24
XGA··· 86

日本語

＜ア行＞

アクセスポイント··························· 98
アプリ·· 28
アプリケーション··························· 104
安全充電啓発ロゴ··························· 97

いいね！···································· 24,127
位置登録····································· 40
移動端末設備の円滑な流通・利用の確保に
　　関するガイドライン·················· 161
インターネット····························· 60
インターネットサービスプロバイダ······· 64
インターネット接続サービス·············· 26

ウィジェット······························· 122

液晶ディスプレイ··························· 86
遠隔バックアップ··························· 136
遠隔ロック··································· 136

おサイフケータイ··························· 36
オフロード··································· 53
オペレーティングシステム················ 104
音声認識····································· 84,89,113
オンプレミス································· 72

＜カ行＞

カードスロット····························· 70,92
回折波·· 42
回線交換方式································· 10
解像度·· 86
可逆圧縮····································· 114
架空請求メール····························· 138
拡散·· 46
仮想実行環境································· 108
加速度センサ································· 79
画素数·· 90
仮名加工情報································· 149
加入者番号··································· 12
カバレッジ··································· 40
可用性·· 132
ガラホ·· 4
完全性·· 132

記憶容量····································· 92
擬似シャッター音·························· 91
技術基準適合証明·························· 146
技適マーク··································· 147
機密性·· 132
逆拡散·· 46
脅威·· 134
近距離無線通信····························· 98

クラウドコンピューティング·············· 72
グローバルIPアドレス····················· 62

携帯型ナビゲーション端末················ 82
携帯電話不正利用防止法·················· 150
景品表示法··································· 152
ゲートウェイ································· 61
堅牢化構造··································· 76

コーデック··································· 116
広告宣伝メール····························· 138

国際通話	13
国際ローミング	49
個人関連情報	149
個人識別符号	148
個人情報	148
個人情報保護法	148
固定系ブロードバンド回線	56
固定系ブロードバンドサービス	56
コンテナ	116

＜サ行＞

サーバ	62
災害用伝言板	124
詐欺・なりすましメール	138
シームレス	48
事業者識別番号	12
自動車電話	4
写メール	7
周波数の利用効率	40
受信メールサーバ	68
小規模基地局設備	43
消費者保護	148
消費電力	76
情報処理機能	78
ショルダーホン	4
ステマ	152
ストレート型	4
スマートフォン	12,76
スワイプ入力	113
脆弱性	134
青少年インターネット環境整備法	152
製造物責任法	150
赤外線通信	96
セキュリティ対策	53
セキュリティリスク	132
セル	40
セルラー（cellular）方式	40
センサ端末	83
送信メールサーバ	68
ソフトキーボード	88

＜夕行＞

第1世代	44
第2世代	44
第3世代	48
第4世代	50
タイムスロット	44
ダイヤルアップ接続	71
ダウンロード	120
多元接続	44
多重化	46
タスク管理	106
タッチパネル	80,88
タブレット端末	80
着うたフル	7
直接波	42
著作権法	153
データベース	104
データ通信専用端末	70,82
データ通信トラフィック	54
出会い系サイト規制法	152
テザリング	70,98
デジタルフォトフレーム	82
デジタル万引き	91
デバイスドライバ	104
デュアルSIM	95
テレビ電話	20
電子商取引	121
電子契約法	151
電子書籍	83,123
電子消費者契約法	151
電子署名法	154
電気通信事業法	146
電波不感地帯	42
電波法	42,146
盗難・紛失	134,143
特殊番号	14
特定個人情報	149
特定商取引法	150
特定電子メール法	152
匿名加工情報	149
トグル入力	112

＜ナ行＞
ネイティブ環境 ……………………… 108

＜ハ行＞
配信 ………………………………… 120
パケット通信方式 ………………… 10
ハッシュタグ ……………………… 24,126
発熱・発煙・発火 ………………… 156
パブリッククラウド ……………… 72
番号ポータビリティ ……………… 12,158
反射波 ……………………………… 42
ハンズフリーキット ……………… 99
ハンドオーバ ……………………… 40
汎用OS …………………………… 78

非可逆圧縮 ………………………… 114
光回線サービス …………………… 56
ピクセル …………………………… 86
秘匿性 ……………………………… 46
ビューワ …………………………… 111
ピンチイン／ピンチアウト ……… 88

フィルタリングサービス ………… 140,152
フェイクニュース ………………… 25
フェムトセル ……………………… 56
フォロー …………………………… 24
復調 ………………………………… 44
不正アクセス禁止法 ……………… 154
プライベートIPアドレス ………… 62
プライベートクラウド …………… 72
ブラウザ …………………………… 110
プラットフォーム ………………… 104
フリック …………………………… 88
フリック入力 ……………………… 112
フルキーボード …………………… 89
フルブラウザ ……………………… 26
プレイヤー ………………………… 111
プロトコル ………………………… 60

ページング ………………………… 41
ヘッドセット ……………………… 99
変調 ………………………………… 44

ホームゲートウェイ ……………… 57

方位センサ ………………………… 79
ポケットベル ……………………… 6

＜マ行＞
マーケットプレイス ……………… 28,128,143
マイナンバー ……………………… 149

ミドルウェア ……………………… 104

無線LAN ………………………… 52
無線LANアクセスポイント ……… 52

メーラー …………………………… 110
迷惑メール防止法 ………………… 152
メタリックのケーブル …………… 56

モバイルWiMAX ………………… 47,50
モバイルコンテンツ ……………… 120
モバイル充電安全認証ロゴ ……… 157
モバイルワイヤレスルータ ……… 70,98

＜ヤ行＞
ユーザアカウント ………………… 66
ユーザインタフェース …………… 104
有害情報 …………………………… 140
有機ELディスプレイ …………… 86

要配慮個人情報 …………………… 149
予測文字変換機能 ………………… 112

＜ラ行＞
リピータ …………………………… 43
リモートSIMプロビジョニング機能 ……… 162

ルータ ……………………………… 61,63

ロック機能 ………………………… 136

＜ワ行＞
ワイヤレスブロードバンドシステム ……… 50

監修・執筆及び協力者一覧

改訂第9版　監修・執筆

MCPC モバイルコンピューティング推進コンソーシアム

人材育成委員会 モバイルシステム技術検定プロジェクト テキスト作成ワーキンググループ

人材育成副委員長並びにモバイルシステム技術検定プロジェクト長兼テキスト作成ワーキンググループ（WG）主査

山﨑　德和　（公益財団法人日本無線協会、東京電機大学非常勤講師、玉川大学元教授/現特別講師、元KDDI、3GPP2 元TSG-S議長/元Steering Committee副議長、oneM2M 元Steering Committee副議長/元Technical Plenary副議長、元IEEE WCET Industry Advisory Board Member、シニアモバイルシステムコンサルタント）

テキスト作成ワーキンググループ副主査

嶋　是一　（株式会社KDDIテクノロジーCTO、特定非営利活動法人日本Androidの会理事長、一般社団法人生成AI協会理事、技能五輪国際大会選手強化委員会 職種別分科会委員、Interop Tokyo APPS JAPAN（アプリジャパン）実行委員、玉川大学非常勤講師、東京電機大学非常勤講師、シニアモバイルシステムコンサルタント）

安藤　毅史　（日本電気株式会社、シニアモバイルシステムコンサルタント）

飯盛　英二　（楽天モバイル株式会社）

金子　俊浩　（公益財団法人KDDI財団）

木原　賢一　（ソフトバンク株式会社）

齊藤　弘太　（キャンビーエッジ株式会社、国士舘大学非常勤講師、シニアモバイルシステムコンサルタント）

酒井　五雄　（アリオン株式会社、Bluetooth Hall of Fame Enshrinee、MCPC Bluetooth推進委員長、玉川大学特別講師、東京電機大学非常勤講師）

品川　正彦　（MCPC事務局）

田島　正興　（MCPC事務局）

長野　聡　（株式会社日立製作所、技術士）

畑口　昌洋　（MCPC幹事長・事務局長・人材育成委員長、米国WTA理事、日本IT団体連盟IT人材育成委員長）

水木　篤志　（株式会社NTTドコモ）

渡邊　直行　（株式会社NTTドコモ）

初版～第8版 監修・執筆・協力（前記との重複を除く、所属等は当時）

荒武 達男　（株式会社アイコン）

飯塚 和彦　（KDDI株式会社）

池田 まゆみ　（ソフトバンクモバイル株式会社）

井上 正純　（公益財団法人KDDI財団）

今井 直彌　（Smart Mobile代表、モバイルビジネスコンサルタント、株式会社バックスグループ顧問）

梅澤 由起	（公益財団法人KDDI財団）
大久保 創	（フリーライター）
大野 雅弘	（NECラーニング株式会社、ICT教育推進協議会モバイルワーキンググループ）
大原 正明	（日本電気株式会社）
岡崎 正一	（MCPC技術顧問、技術士）
岡部 素子	（ソフトバンクモバイル株式会社）
小田 敏之	（NECカシオモバイルコミュニケーションズ株式会社）
甲斐 博之	（株式会社ウィルコム）
木暮 祐一	（武蔵野学院大学客員教授）
佐藤 正幸	（ITコーディネータ、中小企業診断士）
塩田 容子	（株式会社ウィルコム）
七條 卓巳	（株式会社東芝）
志村 聡子	（株式会社クロップス）
下川 敦史	（株式会社NTTドコモ）
末木 良	（KDDI株式会社）
菅野 洋志	（富士通株式会社）
杉浦 誠司	（シスコシステムズ合同会社）
相馬 正伸	（株式会社ウィルコム）
竹井 俊文	（MCPC上席顧問）
谷間 高	（ジェイコム株式会社）
千村 保文	（沖電気工業株式会社、IP電話普及推進センタ(IPTPC)/OKI代表）
筒井 竜志	（ソフトバンク株式会社、シニアモバイルシステムコンサルタント）
土川 史男	（Create f MBC代表、株式会社バックスグループ）
中村 隆治	（富士通株式会社）
中村 典生	（株式会社NTTドコモ）
萩谷 範昭	（株式会社NTTドコモ）
萩原 淳一郎	（株式会社NTTドコモ）
原 和宏	（富士通株式会社）
福井 護	（富士通株式会社）
福島 剛	（京セラコミュニケーションシステム株式会社）
藤井 新吾	（KDDI株式会社、シニアモバイルシステムコンサルタント、ITコーディネータ、PMP）
前田 満則	（富士通株式会社）
三木 義則	（株式会社NTTドコモ）
三村 哲也	（株式会社NTTドコモ）
宮北 幸典	（ソフトバンク株式会社、シニアモバイルシステムコンサルタント）
矢萩 雅彦	（MCPC顧問、IEEE Wireless Communications Professional、群馬大学非常勤講師、国士舘大学非常勤講師、ICT教育推進協議会運営委員）
山口 和彦	（富士通株式会社）
山崎 啓司	（日本電気株式会社）
山澤 昌夫	（富士通株式会社、元静岡大学客員教授、MCPCモバイルセキュリティ委員長、工学博士）
吉川 信雄	（富士通株式会社）
渡辺 彰	（NECマネジメントパートナー株式会社）

特別監修

北 俊一	（株式会社野村総合研究所）
山﨑 浩一	（玉川大学工学部教授、工学博士）

モバイル基礎テキスト 第9版

**MCPC モバイル技術基礎検定／
スマートフォン・モバイル実務検定試験　対応**

© モバイルコンピューティング推進コンソーシアム　2024

2008年11月12日　第1版第1刷発行	
2010年11月20日　改訂版第1刷発行	
2012年 6月 7日　第3版第1刷発行	
2014年 6月 9日　第4版第1刷発行	
2016年 6月27日　第5版第1刷発行	
2018年 5月15日　第6版第1刷発行	
2020年 6月11日　第7版第1刷発行	
2022年 4月 7日　第8版第1刷発行	
2023年12月26日　第8版第2刷発行	
2024年 9月 3日　第9版第1刷発行	

監　修　　モバイルコンピューティング
　　　　　推進コンソーシアム

発行人　　新関卓哉
編集担当　十河和子
発行所　　株式会社リックテレコム
　　　　　〒113-0034 東京都文京区湯島3-7-7
　　　　　振替　00160-0-133646
　　　　　電話　03(3834)8380(代表)
　　　　　URL　https://www.ric.co.jp/

本書の全部または一部について、
無断で複写、複製、転載、ファ
イル化等を行うことを禁じます。

カバーデザイン　　トップスタジオデザイン室(阿保裕美)
本文デザイン・DTP　株式会社リッククリエイト
印刷・製本　　　　シナノ印刷株式会社

●訂正等
本書の記載内容には万全を期しておりますが、万一
誤りや情報内容の変更が生じた場合には、当社ホー
ムページの正誤表サイトに掲載しますので、下記よ
りご確認ください。
＊正誤表サイトURL
　https://www.ric.co.jp/book/errata-list/1

●本書の内容に関するお問い合わせ
FAXまたは下記のWebサイトにて受け付けます。回答に万
全を期すため、電話でのご質問にはお答えできませんので
ご了承ください。
・FAX：03-3834-8043
・読者お問い合わせサイト：https://www.ric.co.jp/book/
　のページから「書籍内容についてのお問い合わせ」をクリック
　してください。

製本には細心の注意を払っておりますが、万一、乱丁・落丁(ページの乱れや抜け)がございましたら、当該書籍をお送りください。
送料当社負担にてお取り替え致します。

ISBN978-4-86594-417-4